井下作业施工操作培训教程

主编　辛舒臻

副主编　范成勇　刘仁树

石油工业出版社

内 容 提 要

本书从注水井、抽油机井、电动潜油泵井、螺杆泵井和机械堵水作业等方面介绍了井下作业施工操作的准备、施工、常用工具、常见问题处理等方面的相关内容,还介绍了常见附加工序的作业方法。有助于井下作业一线员工掌握作业程序、操作要领,解决实际问题。

本书适合于井下作业的一线员工和基层管理者阅读,也可供高校相关专业师生参考。

图书在版编目(CIP)数据

井下作业施工操作培训教程/辛舒臻主编 .
北京:石油工业出版社,2014.2
ISBN 978 - 7 -5021 -9996 - 8

Ⅰ. 井…

Ⅱ. 辛…

Ⅲ. 井下作业 - 工程施工 - 技术培训 - 教材

Ⅳ. TE358

中国版本图书馆 CIP 数据核字(2014)第 025462 号

出版发行:石油工业出版社
　　　　　(北京安定门外安华里 2 区 1 号　　100011)
　　　　　网　址:www.petrupub.com.cn
　　　　　编辑部:(010)64523735　　发行部:(010)64523620
经　　销:全国新华书店
印　　刷:北京中石油彩色印刷有限责任公司

2014 年 2 月第 1 版　2014 年 9 月第 2 次印刷
787×1092 毫米　开本:1/16　印张:10.5
字数:255 千字

定价:62.00 元

《井下作业施工操作培训教程》
编　写　组

主　编： 辛舒臻

副主编： 范成勇　　刘仁树

成　员： 陈国福　　董德贵　　赵晓光　　于会宇　　任　华

王占永　　官永成　　初永明　　王继春　　马喜生

崔成日　　李旭东　　徐彦超　　杨晓芳　　乔　鑫

李清江　　刘文东　　王红星　　潘晓春　　刘兴望

张　仁　　王启洪　　赵清华　　徐　威　　李岳越

王庆荣　　平志波　　梁　媛　　苏志勇

前　　言

油水井常规井下作业施工是油气生产中的重要环节和主要挖潜手段之一,油水井常规井下作业施工技术伴随油田开发过程不断发展完善。为了满足职工学习、培训的需要,我们组织常年工作在一线的技能专家、技师、技术员等编写了这本针对井下作业员工实际技能操作的培训教程。

本书打破以往按照工序归类的编辑模式,按照施工项目分为注水井作业、抽油机井检泵作业、电动潜油泵检井作业、螺杆泵井作业、机械堵水作业等五章,详细介绍了每种施工项目的施工流程、操作要领、安全环保注意事项等,第六章讲述了常见附加工序的相关知识。相信对于广大井下作业工作人员会有所帮助,对于刚刚参加工作的员工也能起到指导作用。

由于编者水平所限,书中定有不妥之处,诚致读者、使用者指正,将衷心感谢!

目　　录

第一章　注水井作业

第一节　作业准备

水井在注水过程中因地层出砂、出盐,造成地层掩埋、砂卡盐卡、封隔器失效、油管断脱、管柱内堵等种种情况,使水井不能正常注水。水井作业的目的是通过作业施工,使水井恢复正常注水。水井作业包括试注、调整、重配等。这些作业项目最终为了实现分层配水,以解决层与层之间的矛盾,对渗透性好、吸水能力强的层进行控制注水;对渗透性、吸水能力低的层加强注水;使高、中、低渗透层都能发挥作用。在注水井内下入封隔器把配注井的各层分隔为几个不同性质的注水层段,然后下入各种类型的配水器,按配注量大小装上不同直径的水嘴,从而实现分层定量注水,这一工艺过程叫做分层配水工艺,简称分层配水。

注水井在进行试注、分层配水前要做的准备工作主要有:

(1)探砂面、冲砂、实探人工井底。

(2)查套管内径的变化。

(3)检查射孔质量。

(4)查油层部位。

(5)查管外是否有窜槽情况。

一、编写施工设计

(1)施工设计是根据地质方案设计和工艺设计的要求而编制的。

(2)施工设计应注明油田名称、井号、井别、编写人、审核人、审批人、编写单位和日期;应提供明确的施工目的;有详细的基础数据和生产数据;提供目前井内管柱结构、深度和下水井完井管柱示意图及下井工具名称、规范、深度;明确施工步骤及施工要求;提出施工中的安全注意事项及井控环保要求。

(3)施工设计应履行审批手续,有设计人、初审人、审批人签字。

(4)施工设计变更应编写补充设计,并履行审批手续。

二、施工现场勘察

(1)调查核实施工井所归属的采油厂、矿、队及方位、区域、井别、井号。

(2)调查通往井场的道路状况、距离、沿途道路上的障碍物,输电线路、通信线路、桥梁、涵洞的宽度、长度及承载能力。

(3)调查井场的使用有效面积(50m×50m),能否立井架、摆设油管、工具房、值班房、锅炉房、蓄水池、污油污水回收装置,车辆停放位置,井场土壤状况能否满足地锚承载的安全要求。

(4)调查该井是否在敏感区域。井场周围有无易燃易爆危险品,有无怕震动、怕噪音的设备设施。

(5)调查可向井场供电的电源、电压、供电距离、接电的方式等,井场有无易燃易爆的危险品。

(6)调查驱动型号及完好情况,井口装置能否与井控装置配套,地面流程情况,所属的计量间、井场设备及装置是否有碍于作业施工。

三、立放井架:固定式

1. 打桩

(1)打桩车出车前按施工任务量及井架负荷选择符合标准的地锚桩,保证每口井具备前地锚桩、二道地锚桩、后地锚桩各2根。地锚应使用长度不小于1.8m,直径不小于73mm的石油钢管;螺旋地锚片应使用厚度不小于5mm,直径不小于250mm,长度不小于400mm的钢板。钢筋混凝土地锚的外形尺寸应为1000mm×1000mm×1300mm(长×宽×高)。

(2)根据井场环境,选好地锚桩的位置,地锚桩孔眼位置不得选在油井管线和电缆铺设的地方。同时,绷绳坑的位置应避开水坑、钻井液池等处,绷绳应距输电线5m以上。地锚桩施工尺寸要求:后地锚桩连线至井口距离24m,前地锚桩连线至井口距离22m,井架二腿中心至井口垂直距离1.8m,二道地锚桩至后地锚桩连线距离1m,二道地锚桩至后地锚桩距离1.4m,后地锚桩之间距离16m,前地锚桩之间距离14m。以上地锚桩位置偏差不大于0.5m。

(3)打桩时由专人指挥,专人操作。支好车尾部千斤顶,检查锤架上空有无障碍物,立起锤架,穿好固定销。操作手把滚筒上升起锤架的钢丝绳摘掉,使滚筒转动,吊起桩锤,刹紧滚筒后把锤固定销取掉。

(4)打桩时操作手与扶桩人员应当严密配合,不允许用手扶桩,要使用机械方式扶桩。桩锚扶正后,首先控制锤下落速度要慢,轻轻打压桩锚,当桩锚与地面垂直稳定后人立即离开,再加重打桩力度,打至地锚孔眼或环形挡板离地面50~100mm为止。

(5)利用滚筒刹车,轻轻放倒锤架,不得摔坏锤架。

(6)冬季地表冻层深达300mm以下时,要用蒸汽刺桩眼等措施后,再打桩。五级以上大风、雷雨天、雾天能见度较低时禁止打、拔桩。

2. 拔桩

(1)拔桩时,操作手注意观察空中、地面和全车工作情况,当有障碍物时要待排除后才能工作。

(2)支好车尾部千斤顶,拔桩人员把吊钩挂在地锚销上,操作手挂滚筒离合器,开始拔桩。

(3)拉紧钢丝绳,逐渐加大发动机油门。指挥人员随时注意千斤顶和插销有无打滑现象,若有立即示意停止拔桩,进行调整处理。

(4)地锚拔动后,缓慢减力直到拔出,放在车上,固定牢固。

3. 立井架

(1)立井架必须由专人指挥,专人操作,专人观察。车辆进入井场前检查是否有障碍物,如:高压线、通信线、落线架。井架运到井场后,找好井口对汽车中心线,平好井架基础。确保井架底基础最小压强为0.15~0.2MPa,把车倒进井场,使汽车中心线与井口中心线重合,汽车在后轮中心距井口7~8m之间停稳,刹好车。

（2）启动油泵：先打开油箱，接通取力装置，使油泵运转正常。

（3）支好支腿千斤顶，将4个锁紧缸收回，松开井架。

（4）检查井架无开焊、断裂、缺件，无明显鸡胸、驼背等变形。检查井架各部件、天车、爬梯、护圈、基础销子等，使之处于完好状态。

（5）抬起升架多路换向手柄，起升架慢慢升起，当井架随起升架升至70°之前，为防止倒井架事故，必须按要求系好后绷绳，与地锚桩上的花兰螺丝联结，用与地锚绳直径相匹配的卡子卡紧，卡距200~250mm。后头道地锚绳3个卡子，后二道和前道地锚绳2个卡子，地锚绳直径16mm，要求无断股、断丝。

（6）继续升起井架，使井架基础坐在预先整理好的地面上，井口距井架两腿之间距离180±5cm。

（7）继续升起升架，绷绳岗人员压紧后绷绳，把起升架升至指定位置，使天车对井口位置偏差不大于100mm，通过铅锤进行检验。

（8）将前绷绳固定在前地锚桩的花兰螺丝处，用绳卡子卡紧。

（9）固定好的井架应按标准安装好6根绷绳，井架后绷绳、前绷绳、二道绷绳各2根，后绷绳最小直径不小于16mm，前道绷绳、二道绷绳最小直径不小于13mm。前道绷绳、后二道绷绳各2个绳卡子，后头道绷绳3个绳卡子。绳卡子安装方向符合U形环卡在辅绳上的要求，卡距为绷绳直径的6~8倍，要求绷绳无断股、断丝、无接头、无硬弯打扭等，卡紧程度以钢丝绳变形1/3为准。花兰螺丝处的螺栓伸出长度在各部尺寸达到要求时不大于螺栓长度的1/2。

（10）缓慢回收起升架，收起千斤顶，分离动力，安全离开井场。

（11）夜间、五级风以上、雷雨天、下雪、雾天能见度较低时不得立井架。

4. 放井架

（1）放井架必须由专人指挥，专人操作，专人观察。利用载车的液压调整千斤顶和水平尺把载车与井口对中找平。

（2）按下多路换向阀，慢慢升起起升架，使锁销将井架锁紧。

（3）将前绷绳从地锚桩解开，慢慢收回起升架，观察井架是否接正，如发现异常应进行调整。

（4）基础离地的检查基础螺丝、井架销子，上提并锁紧井架，盘好绷绳。

（5）继续收回起升架，当起升架越过垂直角度时，切断动力，靠井架的自身重量使井架平放在载车的起升架上，收回液压千斤顶。

（6）夜间、五级风以上、雷雨天、下雪、雾天能见度较低时不得放井架。

（7）井架在运转过程中，要设有超高标志，注意瞭望，防止刮碰电线，车速不得超过40km/h。

四、搬家

（1）组织全班人员，在搬家过程中，必须听从现场指挥人员调动安排。

（2）吊装前检查值班房、工具房、污油回收装置、蓄水池、油管爬犁的吊绳、保险销是否符合安全技术要求。吊装钢丝绳套无断丝、断股。保险销紧固无损伤。检查工具房、值班房门窗是否锁好。

（3）吊车就位后，四脚伸开支平牢固，吊装时吊杆悬臂工作范围内不许站人，被吊物体上、下严禁站人。

（4）操作人员在车辆停稳后方可上前操作，挂牢绳套，待操作人员手离开绳套，绳索受力后，操作人员离开吊装物，平稳起吊。指挥卡车就位，缓慢下放物体卸载，操作人员摘钩撤走后，方可指挥行车。

（5）搬家作业设备时要合理吊装，不挤压、不撞击，盛液容器必须放空排净。吊装用的钢丝绳必须满足承吊重物的安全载荷，提钩要挂牢，捆绑要结实。

（6）搬家车辆在行驶过程中要安全驾驶。

（7）作业机上拖板车有专人指挥，地面要平整坚实，道路两边无深沟等。

（8）搬家到井场后专人负责把值班房、工具房、锅炉房在距井口30m附近摆放成"一"形、"L"形、"U"形。锅炉房应就位在井口上风头，锅炉房与值班房应分开放置，其距离应大于4m或按作业队实际要求摆放。方铁池就位在距井口30m以外便于车辆通行处，做到水平放置排列成行。污油回收装置就位在井口上风头15m附近。

（9）五级以上大风等恶劣天气禁止搬家。

五、现场准备工作

1. 交接井

（1）按规定进行交接，采油工详细介绍，作业工认真作好记录。交清地面流程、电路、设备完好情况、井场情况及井场外围环保情况。交清井注水情况。对井口设备与井场设施逐点进行交接。

（2）双方在现场认真填写作业施工交接书，经甲乙双方签字，一式两份，各持一份。

2. 井场用电

（1）井场电线用胶皮软线，应无破漏、无损伤，绝缘可靠，满足载荷要求，不准用照明线代替动力线。

（2）线路整齐，不得穿越井场和妨碍车辆交通，动力线架设高度不低于1.2m，照明线架设高度不低于1m。严禁拖地或挂在绷绳、井架或其他铁器上，过路要铺垫板。

（3）各种用电设施性能完好，开关、闸刀、线路连接符合安全用电要求。

（4）电器开关应装在距井口5m以外的开关盒内，低压照明灯、闸刀应分开设置且不准放在地面。所有保险丝应规范使用，严禁用铜、铝等线材代替。

（5）井场照明使用直流低压设备，放在距井口10m以外，不准直射井口操作人员。

（6）井架照明应用防爆灯，电线保证绝缘，固定可靠。

3. 井场消防及安全标识

（1）井场应配备8kg灭火器4个，消防锹2把，消防桶2个，消防钩2把，值班房配备8kg灭火器2个，作业机配备灭火器1个。

（2）消防器材应指定专人负责，每月检查一次。

（3）井场内严禁吸烟、动火，如动火必须履行动火手续。

（4）井场应使用安全警示带围好,高度为 0.8～1.2m。插好警示旗。

（5）井场应有明显的安全警示标识,至少应有:必须戴安全帽,禁止烟火,必须系安全带,当心机械伤人,当心触电,当心高空坠落,当心环境污染。

（6）井场安全通道畅通并做明显标识,安全区域位置合理标识清楚。

（7）井场应设置风向标(风向袋、彩带、旗帜或其他相应装置),应设置在现场容易看到的地方。

4. 作业机就位

（1）检查作业机就位线路上是否有管线、电缆等危险物暴露出地表,道路是否平整坚实。

（2）由专人指挥,按照预定线路通往预定位置,作业机行走时司机要精力集中,服从指挥。其他人员远离作业机通道防止发生伤害事故。

（3）到达预定位置后作业机司机调整车位,使作业机尾部位于距井架基础 3～4m,且滚筒正对井架并处于水平状态。

5. 卡活绳

（1）检查绳头不能破股,绳卡与大绳直径匹配质量合格。

（2）将作业机滚筒刹车刹死,把活绳头用细铁丝扎好并用手钳拧紧,同时顺作业机滚筒一侧专门用于固定提升大绳的孔眼穿过。

（3）活绳头从滚筒内向外拉出 5～10m,把活绳头围成约 20cm 左右的圆环,然后用 22mm 钢丝绳卡子卡在距离绳头 4～5cm 处,用 300mm×36mm 活动扳手拧紧绳卡螺母(松紧程度以挡住绳卡时,一人用力能滑动为止)。

（4）将绳环纵向穿过井架底部呈三角状的拉筋中间,撬杠别住绳环卡子,来回拉动钢丝绳,使绳环直径小于 10cm,取出绳环,用活动扳手将绳卡卡紧。卡紧程度以钢丝绳直径变形 1/3 为适宜。

（5）在滚筒一侧拉动钢丝绳,使活绳头绳环卡在滚筒外侧,以不碰护罩为准。

6. 盘大绳

（1）检查作业机滚筒部分及刹车是否灵活好用,检查随身携带工具,检查大绳有无毛刺,防止刮伤。有专人指挥,各岗位之间分工明确。

（2）一人在地面将大绳拉紧,作业司机平稳操作,服从指挥,使用一挡、低油门操作,缓慢正旋转滚筒,另一人站在作业机滚筒前大绳一侧用手锤将卷起的大绳一圈一圈砸紧。直到活绳受力绷紧。操作人员系好安全带上到井架上固定好安全带,卸掉固定大绳的绳卡子。指挥司机缓慢下放游动滑车,井口两人同时用力推住游动滑车将固定游动滑车的钢丝绳套从大钩内摘下。

（3）试提游动滑车检查大绳在滚筒上是否排列整齐,不得出现交叉和磨滚筒的现象。盘好后的大绳在滑车最低点时在滚筒上不少于 9 圈。

7. 卡拉力表

（1）检查拉力表是否有检验合格证在有效期内,符合技术规范。检查拉力表专用接头、连接螺丝及保险销是否完好。保险绳应与大绳直径相同,绳套长度应小于 1m,并用 4 个绳卡子固定。死绳走井架腹内,大绳死绳头与拉力表上部专用接头处应系猪蹄扣,死绳余出 1.5m 左右,并用 4 个配套绳卡固定牢靠,卡距 15~20cm。拉力表下部专用接头应穿在底绳套中间,底绳套用猪蹄扣兜绕于井架双腿上,并用 4 个绳卡固定,卡距 15~20cm。

(2)将游动滑车拉到地面并松开大绳,把拉力表连接环平稳拉至地面,拆掉拉力表连接环,用拉力表专用螺丝连接好拉力表上下环,螺丝上穿好保险销。操作人员手扶游动滑车侧面拉住大钩指挥司机缓慢上提游动滑车。拉力表在上行过程中应有专人扶正,防止刮碰井架损坏拉力表。

(3)装好后的拉力表悬挂在井架腿底部中间,距地面高度 2m,壳体位于井架角铁之间,表面清洁并面向作业机。用绳套将拉力表拴在上方井架横梁上,防止起下管柱时拉力表晃动磕碰井架损坏拉力表。

8. 卡二道绷绳

将花兰螺丝松到位,用底绳套穿过花兰螺丝环和地锚桩,不少于 2 圈,用 3 个绳卡子卡紧,将二道绷绳穿过花兰螺丝上环拉紧用 2 个绳卡卡紧。正旋动花兰螺丝至绷绳受力。

9. 校井架

(1)检查各道绷绳、花兰螺丝。准备好 2 根撬杠。

(2)提放游动滑车观察与井口对中情况。

(3)井架向井口正前方偏离时,用撬杠别住花兰螺丝上环保持不动,用另一根撬杠插入花兰螺丝母套手柄内转动撬杠,松前 2 道绷绳,紧后 4 道绷绳。井架向井口正后方偏离时,松后 4 道绷绳,紧前 2 道绷绳。

(4)向正左方偏离时,松左侧前后绷绳,紧右侧前后绷绳。向正右方偏离时,松右侧前后绷绳,紧左侧前后绷绳。

(5)向左前方偏离时,松左前绷绳紧右后绷绳。向右前方偏离时,松右前绷绳紧左后绷绳。

(6)向左后方偏离时,松左后绷绳紧前右绷绳。向右后方偏离时,松右后绷绳紧前左绷绳。

(7)井架底座基础不平而导致井架偏斜由安装单位负责校正。

(8)校井架时,一定要做到绷绳先松后紧,不能同时松开两道绷绳。倒绷绳时必须卡保险绳。严禁用作业机拉顶井架。

(9)旋转撬杠时按需要的方向转动,两人要配合好,防止撬杠伤人。

(10)井口专人观察,直至校到位。校正标准为天车、游动滑车、井口三点成一线前后不得偏离 5cm。左右不得偏离 2cm。每条绷绳受力均匀。花兰螺丝余扣不少于 10 扣,便于随时调整。

10. 搭管、杆桥

(1)检查井场地面是否平整,检查桥座是否完好。管、杆桥摆放位置要合理,确保逃生路线通畅。管、杆桥下铺好防渗布,四周围起 20cm 高的围堰。

(2)搭管、杆桥时各岗位密切配合防止磕碰。桥座摆放平稳牢固,抬油管时轻抬轻放。

管、杆桥搭在距井口 2m 处,管桥搭 3 道桥,相邻两道桥间距 3～3.5m,管桥距地面高度不低于 0.3m,每道桥 5 个支点。杆桥搭 4 道桥,相邻两道桥间距 2～2.5m。杆桥距地面高度不低于 0.5m,每道桥 4 个支点。

(3)管、杆桥搭好后检查整体摆放位置是否平整牢固。

11. 挖导流沟搭操作台板

(1)施工前在井口周围围 20cm 高的土堰,挖出导流沟,在井场旁挖 1.5m³ 的溢流坑,分别铺好防渗布。溢流坑应用警示带围好。

(2)根据井口操作需要,选择合适数量的操作台板、支架。摆放好操作台支架,铺好操作台板。保证操作台板完好无损,没有异物,基础应搭设平稳牢固。

12. 吊装液压油管钳

(1)操作人员系好安全带。用大钩将小滑轮和直径不小于 12.5mm 的钢丝绳带到井架适当位置(18m 井架在井架两段连接处),将安全带保险绳绕过井架拉筋扣好。先把小滑车固定在井架连接处的横梁上。根据需要调整小滑轮位置使其在横梁的左侧或右侧,不能将其固定在横梁中间。再将钢丝绳从小滑轮穿过,钢丝绳一端从井架后穿过,另一端从井架前方顺至井口,钢丝绳一端用与钢丝绳匹配的 2 个绳卡子与液压钳吊筒连接。另一端固定在作业机绞车上。

(2)专人指挥操作绞车,吊装钳体至井口上方适当位置,调整液压钳平衡螺钉使之平正。将一段直径不小于 13mm 的钢丝绳一端穿过钳体尾部的尾绳螺栓,用 2 个绳卡卡紧,另一端绕过井架左侧(或右侧),用 2 个钢丝绳卡卡紧。保证液压钳能自由拉向井口,不影响正常工作,尾绳跟尾绳环高度齐平,尾绳不能过长,以液压钳咬住油管尾绳绷直为宜。检查、清洗 2 条液压管线的接头,按进出循环回路,将通井机上的液压泵与液压油管钳连接起来。

13. 拆拆卸式驴头(抽油机井转为注水井)

(1)确定操作指挥人员,各岗位分工明确。检查抽油机刹车,检查吊绳、安全带、携带工具符合要求。

(2)将抽油机停在接近下死点 0.3～0.5m,刹死刹车,注意抽油机曲柄旋转范围内不许站人。用方卡子把光杆卡在防喷盒以上 10～20cm 处,松开刹车,启动抽油机使方卡子坐在防喷盒上,解除驴头的负荷,使抽油机游梁处于下死点状态,刹住刹车,将抽油机电源主控箱断电。卸掉卡在工字架上方的方卡子、防掉帽,将工字架依次拿出放到工具架上。指挥司机上提滑车至驴头上方。

(3)高空作业人员上驴头前,清理好脚下异物,将随身携带的工具系保险绳,平稳到达游梁系好安全带。将直径不小于 16mm 的专用钢丝绳套穿过驴头上的吊环,打开大钩保险将绳套挂在大钩内锁好保险销。用扳手卸松两边的顶丝,拔出驴头销子上的保险销,抽出驴头销子,从抽油机上回到地面。指挥司机缓慢上提,驴头离开游梁,缓慢平稳下放,系好牵引绳,将驴头拉放在不影响逃生路线的地方,卸掉一面的顶丝将驴头放倒盖上防渗布。

(4)松开抽油机刹车,使游梁扬起,刹死刹车。将抽油机电源主控箱断电。

第二节 施 工 步 骤

一、试注

油井在正式投入注水前,所进行的新井投注或油井转注的实验与施工过程叫试注(以抽油机转注水井为例)。

1. 接洗井地面管线

(1)洗井管线连接必须用钢制管线,进口装好单流阀,管线长度应大于20m。

(2)检查管线是否畅通,螺纹是否完好,检查活动弯头、活接头是否完好灵活,检查大锤手柄是否牢固可靠。确定管线走向、布局合理。将管线一字摆开,首尾相接,接箍端朝井口。将活接头卡在油(套)管闸门上,与进口管线连接起来。并用榔头将活接头从井口向水泥车方向砸紧,保证已砸紧的活接头不卸扣(水泥车上一般为带套活接头)。砸管线时注意观察周围人员,避免造成伤害。

(3)出口进干线或和回收罐相连,出口管线不准有90°的急弯,并要求固定牢靠。同时严禁进、出口管线在同一方位,必须在井口的两侧。

(4)用油管支架将管线悬空部分架好。

2. 反洗井

(1)施工车辆位置摆放合理,接管线前车辆要停稳、熄火、拉紧手制动。

(2)将水泥车与井口管线连接,地面管线试压至设计施工泵压的1.5倍,经5min后不刺不漏为合格。

(3)井口操作人员侧身打开套管闸门打入洗井工作液。洗井时有专人观察泵压变化,泵压不能超过油层吸水启动压力。排量由小到大,压力正常后逐渐加大排量,排量一般控制在0.3~0.5m³/min,将设计用量的洗井工作液全部打入井内。

(4)热洗应保证水质清洁,水量不低于井筒容积的2倍,水温不低于70℃。洗井过程中,随时观察并记录泵压、排量、出口排量及漏失量等数据。泵压升高洗井不通时,应停泵及时分析原因进行处理,不得强行憋泵。

(5)严重漏失井采取有效堵漏措施后,再进行洗井施工。

(6)洗井施工期间操作人员不得跨越管线,打高压时远离管线,进入安全区域。

(7)洗井结束后关闭套管和生产闸门,管线放空后拆卸管线。侧身打开油套管闸门,无溢流或溢流量小,关闭油套管闸门,准备起抽油杆。

3. 起杆

(1)各岗位进行起抽油杆前检查,井架基础坚实、井架无变形。地锚坚固无松动,绷绳受力均匀,无打结、断股,每扭矩断丝不超过5丝,绷绳端卡子紧固。大绳无压扁、松股、扭折、硬弯,每扭矩断丝不超过5丝。游动滑车、天车、滑轮转动灵活、护罩完好。大钩弹簧、保险销完好、转动灵活、耳环螺栓应紧固。抽油杆吊钩保险销灵活好用、应使用直径不小于16mm的钢丝绳,卡4个绳卡。吊卡本体无变形、腐蚀、裂纹,灵活好用。背钳无裂纹弯曲,尾绳无断丝固定牢靠,松紧度合适。抽油杆防喷器有检验合格证,开关灵活,呈全开状态。设备运转系统正常、刹车灵活可靠。指重表灵敏完好。操作人员选择和清理好逃生通道。

(2)倒好井口流程,将井生产改为小循环,确认井口总闸门开到位,打开油套闸门放出内腔余压。

(3)先在距光杆端头 10~15cm 处卡紧方卡子,抽油杆吊卡扣在光杆上,把抽油杆吊钩的绳套挂在大钩内,锁紧保险销,缓慢上提。一人扶住吊钩打开保险销,一人将抽油杆吊卡的吊环放入小钩内,锁紧保险销。撤离井口,派专人观察拉力表、地锚、井架基础。指挥司机缓慢上提 10~15cm,坐在防喷盒上的方卡子解除负荷后,操作人员上前卸掉方卡子,指挥司机缓慢下放探泵底,核实油管是否断脱,如油管断脱采取同步起管杆的方法,防止起抽油杆时挂掉防磨装置造成事故。

(4)光杆探泵底后,卸掉光杆密封器上的扣,摘掉抽油杆吊卡,卸掉方卡子、防掉帽,卸松防喷盒,将光杆密封器用绳套从光杆上吊出放置在工具架上。

(5)用绳套将抽油杆防喷器平稳吊起,吊至光杆上方对中光杆缓慢下放平稳通过光杆,与井口连接紧。

(6)上紧防掉帽,在距光杆端头 10~15cm 处卡紧方卡子,扣好吊卡,挂入吊钩。专人观察拉力表、地锚、井架基础,其余操作人员撤离到安全区。指挥司机缓慢上提光杆。装有脱接器的井,保证脱接器顺利脱开。上提抽油杆柱遇阻时,不能盲目硬拔,查明原因制定措施后再进行处理。

(7)脱接器脱卡后,上提至光杆接箍下端能坐上吊卡时停止,用抽油杆吊卡卡住下面的抽油杆,确认是否卡牢抽油杆。下放使光杆坐在吊卡上。操作人员调整好背钳和管钳,一人将背钳按卸扣方向搭在井内抽油杆接头处,一人用管钳搭在光杆接头上将扣卸松,将管钳按卸扣方向送到另一人手中,循环卸扣,卸扣完毕退出管钳背钳,指挥司机缓慢提出光杆,由井口人员将光杆送到拉杆人员手中,指挥司机平稳下放,井口人员后撤一步并随着游动系统方向观察。

(8)拉送抽油杆人员拉住光杆后端随时注意游动系统和井口动态,用与光杆下行的速度平稳将光杆拉送至抽油杆桥上。

(9)待光杆坐在桥枕上,一人扶住吊钩打开保险销,一人摘下抽油杆吊卡的吊环。将井口抽油杆吊卡的吊环挂入吊钩锁好保险销,后撤一步随着游动系统方向观察,待下一根抽油杆接箍提出井口,用抽油杆吊卡卡住下面的抽油杆,下放使抽油杆坐在吊卡上。按上述操作直至起出全部抽油杆。

(10)用钢丝绳套拴牢抽油杆防喷器,将绳套挂入抽油杆吊钩内,卸掉防喷器,吊至地面,清理干净放置在工具房内。抽油杆防喷器用后呈全开状态。

(11)施工人员各负其责,紧密配合,服从指挥。起杆时带出的液体及时进罐回收。起抽油杆过程中注意随时检查抽油杆吊卡、吊钩、管钳、背钳是否安全好用。随时观察油套管溢流情况,发现有井涌立即关防喷器装好旋塞阀。观察修井机、井架、绷绳和游动系统的运转情况,发现问题立即停车处理。五级风以上、雷雨沙尘天、雾大视线不清时禁止作业。

(12)起出的抽油杆每 10 根一组排列整齐,悬空端长度不得大于1m。检查抽油杆及井下工具,杆上面严禁摆放工用具和人员走动。

4. 拆井口

(1)准备大锤、死扳手、钢丝绳套,检查完好。平稳缓慢打开总闸门、放空闸门放溢流泄压。

(2)操作人员用大锤、死扳手将井口螺丝砸松,卸掉螺丝,拆掉卡箍片,放置在工具架上。用钢丝绳套拴牢井口,拴好牵引绳,指挥司机下放滑车,将绳套挂在滑车大钩内锁好保险销,转动井口使卡片错开,取出钢圈。由专人扶住井口防止刮碰流程,指挥司机缓慢上提吊离井口后井口人员撤离井口,继续上提至合适高度,指挥司机缓慢下放。同时操作人员拉住牵引绳将井口平稳拉至远离井口不妨碍逃生通道处,检查井口闸门是否呈全开状态。取出四通法兰面上的钢圈,检查清理干净放在工具架上。

5. 安装防喷器

(1)按施工设计要求选择合适压力等级的防喷器及与井内管柱尺寸匹配的旋塞阀。检查防喷器、旋塞阀合格证,开关灵活,呈全开状态。将旋塞阀及其扳手放置在距井口2m内的工具架上。

(2)将井口四通及防喷器的钢圈槽清理干净,并涂抹黄油,将完好的钢圈放入钢圈槽内。

(3)用绳套将防喷器拴牢,拴好牵引绳。拉住牵引绳将防喷器平稳吊起到井口四通上方,扶正防喷器下放坐在四通上,拆掉牵引绳。转动防喷器确认钢圈入槽、上下螺孔对正和方向方便施工与开关,上全连接螺栓,对角上紧,摘下绳套。

(4)防喷器安装后,应保证防喷器的通径中心与天车、游动滑车在同一垂线上,垂直偏差不得超过10mm。

(5)防喷器连接后,进行压力试验检查连接部位密封性。进行关闭和打开闸板的作业,检查灵活程度,开关无卡阻,方可使用。

6. 试提、倒出油管头

(1)各岗位应进行安全巡回检查,井架基础坚实、井架无变形。绷绳受力均匀,无打结、断股,每扭矩断丝不超过5丝,绷绳端卡子紧固。地锚坚固无松动,大绳无压扁、松股、扭折、硬弯,每扭矩断丝不超过5丝。游动滑车、天车、滑轮转动灵活、护罩完好。大钩弹簧、保险销完好、转动灵活、耳环螺栓应紧固有保险销。吊环无变形、腐蚀及磨损,吊卡本体无变形、腐蚀、裂纹,月牙、手柄灵活可靠。吊卡销子应使用磁性或卡环防震脱吊卡销子并拴牢保险绳。液压钳配件完整灵活、悬吊牢靠,吊绳、尾绳无断丝固定牢靠,松紧度合适。背钳无裂纹弯曲,尾绳无断丝固定牢靠,松紧度合适。设备运转系统正常、刹车灵活可靠。拉力表灵敏完好。提升短接本体、丝扣完好,操作人员选择和清理好逃生通道。

(2)确认井口流程正常,套管闸门打开。将提升短节与油管头对正扣用手上不动时,用管钳上紧。侧身用扳手将顶丝松到位。

(3)将吊卡放在提升短节上关闭月牙,锁好手柄销,指挥司机下放滑车将吊环挂入吊卡,插好吊卡销子,人员撤离井口。

(4)专人观察后绷绳、地锚桩、井架基础,专人指挥作业机司机缓慢提升,观察拉力表读数。悬重不超过井内管柱悬重200kN。

(5)油管头平稳提出防喷器后,在井内第一根油管接箍下扣好吊卡,关闭月牙锁好手柄销。下放管柱坐在吊卡上,调整好背钳、管钳,用管钳卸掉油管头放在工具架上。

7. 装防喷器简易自封

（1）先吊起一根油管,把检查合格的防喷器自封胶皮芯子和压盖抬到井口油管接箍上坐好,用手扶住,将油管慢慢地插入自封芯子中,将手撤回。

（2）搭好背钳,用另一把管钳卡在自封压盖以上油管的 10cm 左右,下压管钳边转油管,边使油管通过自封胶皮芯子与下面油管接箍内螺纹对正上紧。

（3）两人抬起自封检查油管螺纹是否上紧。

（4）上提油管,摘掉吊卡,将防喷器上法兰钢圈槽擦干净抹好黄油,慢慢下放油管使防喷器自封胶皮芯子下的胶圈坐入防喷器上法兰钢圈槽内,将压盖放平正,上全连接螺栓,对角上紧。

8. 起油管

（1）井口操作人员双手抓住吊环,同时侧身将吊环挂入吊卡两个耳朵内,插好吊卡销子,后撤一步随着游动系统方向观察。指挥司机缓慢平稳上提油管,待露出第二根油管接箍,坐入吊卡关闭吊卡月牙,锁好手柄销。下放,将油管坐在吊卡上。

（2）调整好背钳按顺时针方向搭在油管接箍上。结合作业机与齿轮泵的挂合,将液压钳上卸扣旋钮调至卸扣方向。将变速挡手柄扳到低速挡位置,再将钳体开口推拉向井口油管,油管进入开口腔内,操作人员一手稳住钳头,另一只手轻拉操作杆使背钳初步卡紧接箍,尾绳受力,再将操作杆拉到最大位置,开始卸扣。扣卸松后操作杆回中位,再挂高速挡卸扣。卸扣过程中操作人手一定要始终握住操作杆,不能让操作杆向中间位置回动,绝对不能用手触摸运动部件,如发生故障,应停泵检修。卸扣完毕挂低速挡再将操纵杆推到相反最大位置,使开口齿轮正转,当开口齿轮、壳体缺口复位,立即撤手,使操作杆回到中位。用手推钳尾部的侧面把手,将钳体开口从油管本体退出,摘掉背钳。操作液压钳时尾绳两侧不准站人,严禁两个人同时操作液压钳。

（3）缓慢提起油管,井口操作人员将油管送到拉油管人员手中,同时后撤一步随着游动系统方向观察。司机缓慢下放油管,拉油管人员将油管尾部放入小滑车内,用管钳拉动油管与管柱保持同速使小滑车向后滑行。拉送油管人员应站在油管侧面,同时观察游动系统运转的方向,拉油管姿势要正确,两腿前后要分开,场地要清洁平整无杂物。

（4）油管放到位后,井口操作人员上前拔出吊卡耳朵上的销子,同时双手将两只吊环从吊卡的两个耳朵内拉出。司机缓慢上提滑车,井口操作人员同时侧身双手将吊环挂入吊卡两个耳朵内,插上销子并锁紧。后撤一步随着游动系统方向观察。

（5）重复以上操作,起出全部油管。起泵前及时将自封倒出,起出泵、井下工具及尾管。在防喷器内投入全封棒,关闭防喷器及套管闸门。

（6）起出的油管每 10 根一组排列整齐,检查管柱及井下工具做好记录。油管上面禁止放任何物件和行走。

（7）起管时随时观察油套管溢流,有井涌现象立即关防喷器及套管闸门。并及时将油管内流出的液体进罐回收,不能乱排乱放。

（8）施工人员各负其责,紧密配合,服从指挥。起油管过程中注意随时检查手柄销子、月牙、背钳是否安全好用,严禁挂单吊环。随时观察修井机、井架、绷绳和游动系统的运转情况,发现问题立即停车处理。五级风以上、雷雨天、雾大视线不清时禁止作业。

9. 探砂面、冲砂、探人工井底

(1)丈量、组配下井管柱后,将冲砂笔尖连接在下井第一根油管底部,单流阀连接在第一根油管顶部并上紧,将套管闸门打开,放出套管压力,打开防喷器取出全封棒。

(2)拉油管人员将连有冲砂笔尖的油管前端抬放到桥枕上尾部放到滑道小车上,井口操作人员将吊卡扣在油管上,锁好后翻转180°使月牙朝上。吊环挂入吊卡的两个耳朵内,插上吊卡销子锁紧,拉住吊环。指挥司机缓慢上提,待吊卡提过井口,井口操作人员后退一步随着游动系统方向观察。拉管人扶住管体,平稳送到井口操作人手中,操作人扶稳管体对准井口,司机缓慢下放,同样的方法提起第二根油管与第一根油管对接后,打好背钳用液压钳上紧。下油管5根后倒入自封封井器。同样方法继续下入油管当油管下至距油层上界30m时,下放速度应小于1.2m/min,以悬重下降10~20kN时为遇砂面,连探3次。2000m以内的井深误差应小于0.3m,2000m以上的井深误差应小于0.5m。连探3次的平均深度为砂面深度。

(3)将检查合格的冲砂弯头连接在欲下井冲砂油管第一根上,注意严禁使用普通弯头替代冲砂弯头。将水龙带与冲砂弯头连紧,将系在水龙带和冲砂弯头上的安全绳固定在大钩上,指挥司机吊起油管,与井内油管连接好,吊油管和连接丝扣时要有专人拉住水龙带末端,防止水龙带旋转伤人。

(4)将水龙带另一端与地面管线连紧,指挥水泥车开泵循环洗井,观察水泥车压力表及排量的变化情况。由专人观察出口返液情况,返出正常后缓慢均匀加深管柱,以免造成砂堵或憋泵。同时用水泥车向井内泵入冲砂液,如因管柱下放过快造成憋泵,立即上提管柱,待泵压和出口排量正常后,方可继续加深管柱。如有进尺则以0.5m/min的速度缓慢均匀加深管柱。

(5)当一根油管冲完后,为了防止在接单根时砂子下沉造成卡管柱,要循环洗井15min以上,指挥水泥车停泵,并进行管线放空,将水龙带与地面管线相连的一端断开,指挥司机上提管柱卸单根。下拉油管时有专人将水龙带同时拉下,方向与油管一致。

(6)下入一根油管,按上述要求重复接单根冲砂,接单根时动作要迅速,连续冲进5根油管后,必须循环洗井1周以上再继续冲砂直到人工井底或设计冲砂深度。

(7)探人工井底深度以拉力表下降5~20kN时,连探3次,数据一致为标准,其管柱深度为人工井底深度。

(8)冲砂中途不得停泵,如中途作业机出故障,必须进行彻底循环洗井,若水泥车出现故障,应迅速上提管柱至原砂面以上30m,并活动管柱。冲砂至人工井底或设计要求深度后,要充分大排量循环洗井。直至出口含砂量小于0.2%时为合格,当冲砂至人工井底时,核实人工井底,误差每1000m不得超过正负0.3m。结束冲砂作业,起出冲砂管柱。起到冲砂笔尖前及时将自封倒出,起完冲砂管柱。

10. 刮蜡

(1)按设计选用标准的刮蜡器,其直径要比套管内径小6~8mm,如果下不去可适当缩小刮蜡器外径(每次2mm)。对结蜡不严重或投产不久的新井,可用带侧孔的刮蜡器,结蜡严重的下入不带侧孔的刮蜡器。

（2）把刮蜡器接在下井第一根油管底部，上紧扣后下入井内，下油管5根后装好自封封井器，继续下入至设计深度。

（3）刮蜡深度一般为射孔底界10m，特殊情况按设计要求执行。

（4）下刮蜡管柱，一般采用边循环边下管柱施工。

（5）如管柱遇阻上提管柱3~5m，反打入热水循环，循环一周后停泵。再反复活动下入管柱，下入10m左右后上提2~3m，反打入热水循环，循环一周后停泵。如此反复活动下入管柱，每下入10m左右打热水循环一次，直至下到设计刮蜡深度或人工井底。

（6）刮蜡至设计深度后，用井筒容积1.5~2倍水温不低于70℃的热水或溶蜡剂洗井，彻底清除井壁结蜡。

（7）起出刮蜡管柱，检查刮蜡器有无变形。

11. 通井

（1）通井前管柱应刺洗、丈量、计算准确，记录清晰，涂密封脂，检查测量通井规（选择通井规直径应小于套管内径6~8mm，长度为2~4m），并绘制草图注明尺寸。

（2）将通井规与单流阀连在下井第一根油管底部，并上紧螺纹。平稳下入井内。通井时必须下入能够循环的工具，下入油管5根后，井口装好自封封井器。

（3）继续平稳操作下油管，速度控制为10~20m/min。管柱连接螺纹应按标准扭矩上紧、上平，防止管柱脱扣，造成落井事故。要随时检查井架绷绳、地锚等地面设备变化情况。若发生问题，应停止通井并及时处理。当通井距人工井底以上100m左右时，减慢下放速度，同时有专人观察拉力表变化情况。

（4）若通井遇阻，悬重下降2~2.5kN时，应上下活动，计算遇阻深度，严禁猛放、硬压、要分析原因查明情况并及时上报有关部门处理。

（5）如果下不去，可起出换缩小2mm的通井规继续通井，一直通到设计要求深度。如通井规在井内遇卡，活动管柱，冲洗无效的情况下，应起出管柱，下铅模或测井进行调查。如探到人工井底则连探3次，计算出人工井底深度。

（6）起出通井规，详细、认真检查记录数据，如无问题，进行下步施工。发现有印痕严重的采取下步措施，禁止用通井管柱冲砂或进行其他井下作业。

12. 打印

（1）将检查测量合格的铅模，铅模应带水眼连接在下井的第一根油管底部，单流阀连接在第一根油管顶部，铅模在井口附近缓慢下放，以免刮碰铅印。下油管5根后装上自封封井器。

（2）铅模下至鱼顶以上5m左右时，开泵大排量冲洗，排量不小于500L/min，边冲洗边慢下油管，下放速度不超过2m/min。

（3）当铅模下至距鱼顶0.5m时，以0.5~1.0m/min的速度边冲洗下放，一次加压打印。一般加压30kN，特殊情况可适当增减，但增加钻压不能超过50kN。

（4）起出全部油管，卸下铅模，清洗干净。

（5）铅模描述：

① 用照相机拍照铅模，以保留铅模原始印痕。

② 用1:1的比例绘制草图，详细描述铅模变形情况并存档，以备检查。

（6）技术要求及注意事项：

① 铅模下井前必须认真检查连接螺纹、接头及壳体镶装程度。

② 下铅模前必须将鱼顶冲洗干净，严禁带铅模冲砂。

③ 冲砂打印时，洗井液要干净无固体颗粒，经过滤后方可泵入井内。

④ 一个铅模在井内只能加压打印一次，禁止来回两次以上或转动管柱打印。

⑤ 起下铅模管柱时，要平稳操作，拉力计或指重表要灵活好用，并随时观察拉力计的变化情况。

⑥ 起带铅模管柱遇卡时，要平稳活动或边洗边活动，严禁猛提猛放。

⑦ 若铅模遇阻时，应立即起出检查，找出原因，切勿硬顿硬砸。

⑧ 当套管缩径、破裂、变形时，下铅模打印加压不超过 30kN，以防止铅模卡在井内。

⑨ 铅模在搬运过程中必须轻拿轻放，严禁摔碰。存放及车运时，应底部向上或横向放置，并用软材料垫平。

13. 拆防喷器

将防喷器螺丝对角砸松卸掉，把钢丝绳套固定在防喷器上，挂在大钩内锁紧保险销，专人指挥平稳吊起放到远离井口处，摘下绳套。取出钢圈。

14. 换井口

（1）准备工具：准备一套 CYB－250 井口、$\phi46mm$ 死板手 2 个、加力杆 1 个、黄油、钢丝绳套 4m；

（2）先指挥司机下放大钩后用钢丝绳连接大钩和井口。

（3）一人用一只 $\phi46mm$ 死板手打底扳手，另一人将 $\phi46mm$ 死板手打在上法螺丝帽上插上加力杆另外一人搬加力杆卸井口螺丝，如此拆卸完井口螺丝。

（4）指挥司机吊起井口放到不妨碍施工的地方。

（5）吊起欲换的井口坐到套管法兰上面带上井口螺丝，用加力杆对角上紧最终全部上紧。井口换完毕后，记录好原井口数据和现井口数据。

15. 安装电缆防喷器

（1）检查电缆防喷器，开关灵活，呈全开状态。将扳手放置在距井口 2m 内的工具架上。

（2）将井口四通及防喷器的钢圈槽清理干净，并涂抹黄油，将钢圈放入钢圈槽内。

（3）将电缆防喷器平稳吊装到井口四通上方，确认钢圈入槽、上下螺孔对正和方向方便施工与开关，上全连接螺栓，对角上紧。

（4）电缆防喷器安装后，应保证防喷器的通径中心与天车、游动滑车在同一垂线上，垂直偏差不得超过 10mm。

（5）电缆防喷器连接后，进行压力试验检查连接部位密封性。进行关闭和打开闸板的作业，检查灵活程度，开关无卡阻，方可使用。

16. 测微井径

配合测试队测微井径，检查套管。

（1）井径测井前作业队要按设计要求做好井筒准备工作。

（2）作业队应提前一天向调度做井径测井计划。

（3）作业队应保证按计划完成井上施工进度。

（4）作业队应保证井场不影响测井车辆摆放与施工。

（5）作业队应配合测试施工队安装好防喷装置。

17. 拆电缆防喷器,安装套管防喷器

将电缆防喷器螺丝对角砸松卸掉,把钢丝绳套固定在电缆防喷器上,挂在大钩内锁紧保险销,专人指挥平稳吊起放到远离井口处,摘下绳套。将套管防喷器平稳吊装到井口四通上方,确认钢圈入槽、上下螺孔对正和方向方便施工与开关,上全连接螺栓,对角上紧。

18. 检查、丈量、组配管柱

（1）检查油管。

用蒸汽刺洗油管时注意各部位连接情况,防止烫伤。油管丝扣完好,内外壁清洁,接箍、油管无裂痕,无孔洞,无弯曲,无偏磨,管内无脏物。油管自然平行度和内径椭圆度能通过内径规。$\phi62mm$ 油管用 $\phi59mm \times 800mm$ 的内径规。

（2）丈量油管。

① 丈量油管时,丈量人数不得少于 3 人,反复丈量 3 次。使用检测合格有效长度为 15m 以上的钢卷尺。一人将钢卷尺"0"刻度对准油管接箍端面,另一人拉直钢卷尺至油管螺纹根部（抽油杆丈量同油管相同,但去掉扣）,并读出油管单根长度,第三人将油管长度记录在油管记录纸上。

② 按每 10 根油管一组的顺序依次累计各组油管长度,在油管记录纸上标出各组油管的累计长度。三人三次丈量的管柱累计长度误差不大于 0.02% ,做到三丈量三对扣。

（3）组配管柱。

① 将丈量好的油管整齐排列在油管桥上,每 10 根一组,以井口方向按下井顺序排列。

② 试注管柱下入深度至射孔底界以下 10 ~ 15m。

③ 在油层射孔顶界以上 10 ~ 15m 处下一级可洗井套管保护封隔器,对套管进行保护。自上而下依次为保护封隔器、工作筒、喇叭口。

19. 下试注管柱

（1）各岗位应进行检查,井架基础、井架无变形等缺陷。绷绳受力均匀,无打结、断股,每扭矩断丝不超过 5 丝,绷绳端卡子紧固。地锚坚固无松动,大绳无压扁、松股、扭折、硬弯,每扭矩断丝不超过 5 丝。游动滑车、天车、滑轮转动灵活、护罩完好。大钩弹簧、保险销完好、转动灵活、耳环螺栓应紧固。吊环无变形、磨损及腐蚀,吊卡本体无变形、腐蚀、裂纹,月牙、手柄灵活可靠。液压钳配件完整灵活、悬吊牢靠,吊绳、尾绳无断丝固定牢靠,松紧度合适。背钳无裂纹弯曲,尾绳无断丝固定牢靠,松紧度合适。设备运转系统正常、刹车灵活可靠。指重表灵敏完好。操作人员选择和清理好逃生通道。

（2）尾部油管连接工作筒、喇叭口,套封封隔器按照配管柱连接在射孔井段上界。排放好,复查。

（3）将油管外螺纹涂好密封脂,按照管柱排放顺序下入井内,拉油管人员将尾管前端抬放到桥枕上尾部放到滑道小车上,井口操作人员将吊卡扣在油管上,锁好后翻转 180° 使月牙朝上。吊环挂入吊卡的 2 个耳朵内,插上吊卡销子锁紧,拉住吊环。指挥司机缓慢上提,待吊卡

提离井口,井口操作人员后退一步随着游动系统方向观察。拉管人扶住管体,平稳送到井口操作人手中,操作人扶稳管体对准井口,司机缓慢下放,同样的方法提起第二根油管与尾管对接后,用液压钳上紧。下入封隔器与配水器时不得用液压钳上扣,如此下管柱完。

(4)拉送油管人员必须站在油管侧面,用管钳拉住油管与油管保持同速同时观察井口人员和游动系统运转的方向,平稳地将油管送至井口操作人员手中。

(5)井口操作人员将吊卡扣在欲下井油管上,锁紧手柄后退一步随着游动系统方向观察。

(6)推荐最佳上扣扭矩:钢级为 J-55 通称直径为 62mm 非加厚油管 1.45kN·m。

(7)油管在下到设计井深最后几根时,下放速度不超过 5m/min,防止因长度误差顿弯油管。

(8)坐油管头时检查密封圈是否完好,缓慢下放管柱将油管头坐入四通内,顶紧顶丝。

(9)施工人员各负其责,紧密配合,服从指挥。下油管过程中注意随时检查手柄销子、月牙、背钳是否安全好用,随时观察修井机、井架、绷绳和游动系统的运转情况,发现问题立即停车处理。五级风以上、雷雨天、雾大等视线不清时禁止作业。

20. 反洗井

倒反洗井流程,用来水反洗井 2h,排量 24m³/h,出口进回收罐车见清水为止。

21. 释放封隔器

按照设计要求释放封隔器(释放时打开套管闸门放溢流观察释放效果),稳压 30min,观察套管无溢流,即证实释放成功。

第三节　调　整

根据油田地下的需要,改变了原来的配注方案,配注量和封隔器位置都有改变时,把这一施工过程称为注水井的调整。(注:设计、施工前准备工作同第一章第一节)。

一、关井降压、放溢流

提前 24h 通知采油队关井降压,若在高寒区,注意防止冻坏井口设备和冻结管线,应采取放溢流降压方法,开始 2h,溢流量控制在 2m³/h 以内,以后逐渐增大,最大不超过 10m³/h。

二、抬井口

(1)准备大锤、死扳手❶、钢丝绳套,检查完好。平稳缓慢打开总闸门、放空闸门放溢流泄压。

(2)操作人员用大锤、死扳手将井口螺丝砸松,卸掉螺丝,拆掉卡箍片,放置在工具架上。用钢丝绳套拴牢井口,拴好牵引绳,指挥司机下放滑车,将绳套挂在滑车大钩内锁好保险销,转动井口使卡片错开,取出钢圈。由专人扶住井口防止刮碰流程,指挥司机缓慢上提吊离井口后井口人员撤离井口,继续上提至合适高度,指挥司机缓慢下放。同时操作人员拉住牵引绳将井口平稳拉至远离井口不妨碍逃生通道处,检查井口闸门是否呈全开状态。取出四通法兰面上

---

❶ "死扳手"为现场用法,即呆扳手。

的钢圈,检查清理干净放在工具架上。

三、安装防喷器

(1)按施工设计要求选择合适压力等级的防喷器及与井内管柱尺寸匹配的旋塞阀。检查防喷器、旋塞阀合格证,开关灵活,呈全开状态。将旋塞阀及其扳手放置在距井口2m内的工具架上。

(2)将井口四通及防喷器的钢圈槽清理干净,并涂抹黄油,将钢圈放入钢圈槽内。

(3)将防喷器平稳吊装到井口四通上方,确认钢圈入槽、上下螺孔对正和方向方便施工与开关,上全连接螺栓,对角上紧。

(4)防喷器安装后,应保证防喷器的通径中心与天车、游动滑车在同一垂线上,垂直偏差不得超过10mm。

(5)防喷器连接后,进行压力试验检查连接部位密封性(将全封棒放入防喷器关防喷器闸板用井内压力观察防喷器密封性)。进行关闭和打开闸板的作业,检查灵活程度,开关无卡阻,方可使用。

四、试提、倒出油管头

(1)各岗位应进行检查:井架基础、井架无变形。大钩弹簧、保险销完好,转动灵活、耳环螺栓应紧固。吊环无变形、腐蚀及磨损,吊卡月牙、手柄灵活可靠,吊卡销子应使用磁性或卡环防震脱吊卡销子并拴牢保险绳;液压钳配件完整灵活、悬吊牢靠,吊绳、尾绳无断丝固定牢靠,松紧度合适。背钳无裂纹弯曲,尾绳无断丝固定牢靠,松紧度合适。设备运转系统正常、刹车灵活可靠。指重表灵敏完好。提升短接本体、螺纹完好,操作人员选择和清理好逃生通道。

(2)打开套管闸门放空降压。打开防喷器取出全封棒后用外加厚变扣将提升短节与油管头连接后用管钳上紧。侧身将顶丝松到位。

(3)将吊卡扣在提升短节上关闭月牙、锁好手柄销,指挥司机下放滑车将吊环挂入吊卡,插好吊卡销子,人员撤离井口。

(4)专人观察后绷绳、地锚桩是否松动上移、井架基础,专人指挥作业机司机缓慢上提,观察指重表变化(作业小队拔负荷在300kN以内,否则请示有关部门)。

(5)油管头平稳提出防喷器后,见第一根油管接箍扣好吊卡,关闭月牙锁好手柄销。管柱坐在吊卡上,调整好背钳、管钳,用管钳卸掉油管头放在工具架上。

五、起油管

(1)井口操作人员双手抓住吊环,同时侧身将吊环挂入吊卡两个耳朵内,插好吊卡销子,后退一步上提管柱封隔器解封,如解封未成在射孔井段内上下活动管柱磨封隔器解封。证实封隔器解封后起管柱。起油管时井口人员随着游动系统方向观察。指挥司机缓慢平稳上提油管,待露出第二根油管接箍,扣上吊卡关闭月牙,锁好手柄销。管柱坐在吊卡上。

(2)调整好背钳按顺时针方向搭在油管接箍上卡牢。将液压钳上卸扣旋钮调至逆时针方向。将变速挡手柄扳到低速挡位置,再将钳体开口推拉向井口油管,操作人员一只手稳住钳头,另一只手轻拉操作杆使背钳初步卡紧接箍,尾绳受力,再将操作杆拉到最大位置,开始卸扣。扣卸松后操作杆回中位,再挂高速挡卸扣。卸扣过程中操作人员手一定要始终握住操作杆,不能让操作杆向中间位置回动,绝对不能用手触摸运动部件,如发生故障,应停泵检修。卸扣完毕挂低速挡再将操纵杆推到相反最大位置,使开口齿轮正转,当开口齿轮、壳体缺口复位,立即撒手,使操作杆回到中位。用手推钳尾部的侧面把手,将钳体开口从油管本体退出,摘掉背钳。操作液压钳时尾绳两侧不准站人,严禁两个人同时操作液压钳。

(3)缓慢提起油管,井口操作人员将油管送到拉油管人员手中,同时后退一步随着游动系统方向观察。司机缓慢下放油管,拉油管人员将油管尾部放入小滑车内,用管钳拉动油管与管柱保持同速使小滑车向后滑行。拉送油管人员拉送油管应及时并站在油管侧面,同时观察游动系统运转的方向,拉油管姿势要正确。

(4)油管放到位后,井口操作人员上前拔出吊卡耳朵上的销子,同时双手将两只吊环从吊卡的两个耳朵内拉出。司机缓慢上提滑车,井口操作人员同时侧身双手将吊环挂入井口吊卡两个耳朵内,插上吊卡销子。后退一步随着游动系统方向观察。

(5)重复以上操作,在起到封隔器和配水器时将吊卡扣在下根管的结箍下,井口操作人员用背钳和管钳将封隔器或配水器以逆时针方向卸掉,起出全部油管及井下工具。施工人员各负其责,紧密配合,服从指挥。起油管过程中注意随时检查手柄销子、月牙、背钳是否安全好用,严禁挂单吊环。随时观察修井机、井架、绷绳和游动系统的运转情况,发现问题立即停车处理。五级风以上、雷雨沙尘天、雾大视线不清时禁止作业。

(6)起出的油管每10根一组排列整齐,检查管柱及井下工具做好记录。油管上面禁止放任何物件和行走。

(7)全部油管起出后,在防喷器内投入全封棒,关闭防喷器及套管闸门。

六、探砂面、冲砂、探人工井底

(1)丈配后,将冲砂笔尖连在下井第一根油管底部单流阀连在上部上紧,将套管闸门打开,放出套管压力,打开防喷器取出全封棒。

(2)将连有冲砂笔尖的油管下入井内。下油管5根后,在井口装好自封封井器。

(3)探砂面深度以拉力表下降 5~20kN 时,连探 3 次,以数据一致为标准,其管柱深度为砂面深度。

(4)将冲砂弯头连接在欲下井冲砂油管第一根上,注意严禁使用普通弯头替代冲砂弯头。将水龙带与冲砂弯头连紧,将绑在水龙带和冲砂弯头上的安全绳固定在大钩上,指挥司机吊起油管,与井内油管连接好,吊油管和连接丝扣时要有专人拉住水龙带末端,防止水龙带旋转伤人。

(5)将水龙带另一端与地面管线连紧,指挥水泥车开泵循环洗井,观察水泥车压力表及排量的变化情况。由专人观察出口返液情况,返出正常后缓慢均匀加深管柱,以免造成砂堵或憋泵。同时用水泥车向井内泵入冲砂液,如因管柱下放过快造成憋泵,立即上提管柱,待泵压和出口排量正常后,方可继续加深管柱。如有进尺则以 0.5m/min 的速度缓慢均匀加深管柱。

(6)当一根油管冲完后,为了防止在接单根时砂子下沉造成卡管柱,要循环洗井15min以上,指挥水泥车停泵,并进行管线放空,将水龙带与地面管线相连的一端断开,指挥司机上提管柱卸单根。下拉油管时有专人将水龙带同时拉下,方向与油管一致。

(7)下入一根油管,按上述要求重复接单根冲砂,接单根时动作要迅速,连续加深5根油管后,必须循环洗井 1 周以上再继续冲砂直到人工井底或设计冲砂深度。

(8)冲砂中途不得停泵,如中途作业机出故障,必须进行彻底循环洗井,若水泥车出现故障,应迅速上提管柱至原砂面以上 30m,并活动管柱。冲砂至人工井底或设计要求深度后,要充分大排量循环洗井。直至出口含砂量小于 0.2% 时为合格,当冲砂至人工井底时,核实人工井底,误差每 1000m 不得超过 ±0.3m。结束冲砂作业,起到冲砂笔尖前及时将自封倒出,起出冲砂管柱。

七、刮蜡

(1)按设计选用标准的刮蜡器,其直径要比套管内径小 6～8mm,如果下不去可适当缩小刮蜡器外径(每次 2mm)。对结蜡不严重或投产不久的新井,可用带侧孔的刮蜡器,结蜡严重的下入不带侧孔的刮蜡器。

(2)把刮蜡器接在下井第一根油管底部,上紧扣后下入井内,下油管 5 根后装好自封封井器,继续下入至设计深度。

(3)刮蜡深度一般为射孔底界 10m,特殊情况按设计要求执行。

(4)下刮蜡管柱,一般采用边循环边下管柱施工。

(5)如管柱遇阻上提管柱 3～5m,反打如热水循环,循环一周后停泵。再反复活动下入管柱,下入 10m 左右后上提 2～3m,反打入热水循环,循环一周后停泵。如此反复活动下入管柱,每下入 10m 左右打热水循环一次,直至下到设计刮蜡深度或人工井底。

(6)刮蜡至设计深度后,用井筒容积 1.5～2 倍、水温不低于 700C 的热水或溶蜡剂洗井,彻底清除井壁结蜡。

(7)起出刮蜡管柱,检查刮蜡器有无变形。

八、找窜(验窜)

通过测井和井下作业施工等方法,落实确定管外窜槽层位和井段的过程为找窜。通过井下作业施工的方式,具体验证某一井段或层位是否窜槽或窜通量的施工,称为验窜。找窜和验窜都为下一步封堵窜槽井段提供依据。找窜与验窜的施工步骤相同。作业施工常用的找窜、验窜方法主要有套溢法和套压法。

1. 套溢法找窜操作步骤

(1)找窜施工前应冲砂至人工井底,通井至找窜层位以下 10～30m。用井筒容积 2 倍清水彻底洗井。准备 1m³ 池子,记录全井每分钟溢流量。

(2)按设计要求组配找窜管柱。单封隔器找窜管柱自上而下顺序:上部油管 + 封隔器 + 节流器 + 尾部油管 + 丝堵。双封隔器找窜管柱自上而下顺序:上部油管 + 封隔器 + 节流器 + 封隔器 + 尾部油管 + 丝堵。将组配好的单级或双级封隔器管柱下入井内。

(3)封隔器下至射孔井段以上,验证封隔器和油管密封性能。连接水泥车管线,试压至工作压力的 1.5 倍。正打入清水,压力采用"高低高"或"低高低"的方法,分别为"10MPa,8MPa,10MPa"或"8MPa,10MPa,8MPa"3 个压力值注入,每个压力值稳定时间 10～30min。观察记录套管溢流量的变化,如果套管溢流量随注水压力的变化而变化,且变化值大于 1L/min,则说明封隔器或油管密封性能不合格,要起出管柱重新下入。若套管溢流量变化值小于 1L/min,则说明封隔器和油管密封性能合格,可以加深油管至欲测井段找窜,封隔器深度应避开套管接箍部位。

(4)管柱下至预定找窜位置后,连接水泥车管线,正打入清水,按"10MPa,8MPa,10MPa"或"8MPa,10MPa,8MPa"3 个压力值注水,每个压力值稳定时间 10 ~ 30min。观察记录套管溢流量的变化,如果溢流量不随注入量变化,则可认定无窜槽。如果套管溢流量随注水压力的变化而变化,且变化值大于 10L/min,则初步认定该层位至以上井段窜槽。

(5)上提管柱至射孔井段以上验证封隔器密封性。再按"10MPa,8MPa,10MPa"或"8MPa,10MPa,8MPa"3 个压力值注水,如封隔器密封,则认定该层位至以上井段窜槽。

(6)起出管柱后,再次丈量复查管柱,核实深度。

2. 套压法找窜(验窜)操作步骤

(1)按设计要求丈量、组配找窜(验窜)管柱。单封隔器找窜管柱自上而下顺序:上部油管 + 封隔器 + 节流器 + 尾部油管 + 丝堵。双封隔器找窜管柱自上而下顺序:上部油管 + 封隔器 + 节流器 + 封隔器 + 尾部油管 + 丝堵。将组配好的单级或双级封隔器管柱下入井内。

(2)封隔器下至射孔井段以上,验证封隔器和油管密封性能。连接水泥车管线,试压至工作压力的 1.5 倍。正打入清水,压力采用"高低高"或"低高低"的方法,分别以 3 个压力值注水,每个压力值稳定时间 10 ~ 30min。观察记录套管压力的变化,如果套管压力随注水压力的变化而变化,且变化值大于 0.5MPa,则初步认定该层位以上井段窜槽,这是需要再次将管柱起到射孔井段以上,再按"10MPa,8MPa,10MPa"或"8MPa,10MPa,8MPa"3 个压力值注水,验证封隔器的密封性能,如封隔器密封,则认定该层位至以上井段窜槽。则说明封隔器和油管密封性能合格,可以加深油管至欲测井段验窜,封隔器深度应避开套管接箍部位。

(3)管柱下至预定找窜位置后,正打入清水,按"10MPa,8MPa,10MPa"或"8MPa,10MPa,8MPa"3 个压力值注水,每个压力值稳定时间 10 ~ 30min。观察记录套管压力变化,如果套管压力不随注入量变化,则可认定无窜槽。

(4)起出管柱后,再次丈量复查管柱,核实深度。

九、清洗或除垢油管组配管柱

1. 刺洗或除垢检查油管

用蒸汽刺洗油管或配合有关单位进行油管除垢时注意安全,防止烫伤及其他伤害。油管螺纹完好,内外壁清洁,接箍、油管无裂痕、无孔洞、无弯曲、无腐蚀,管内无脏物。油管自然平行和内径规能顺利通过(ϕ62mm 油管用 ϕ59mm × 800mm 的内径规)。

2. 丈量油管

(1)丈量油管时,不得少于 3 人,反复丈量 3 次。使用检测合格有效长度为 15m 以上的钢卷尺。一人将钢卷尺"0"刻度对准油管接箍端面,另一人拉直钢卷尺至油管螺纹根部,并读出油管单根长度,第三人将油管长度记录在油管记录纸上。

(2)按每 10 根油管一组的顺序依次累计各组油管长度,在油管记录纸上标出各组油管的累计长度。"三丈量三对口"(3 人丈量 3 次;油管记录、设计、井下工具合格证对口)管柱累计长度误差不大于 0.02% 。

（3）将丈量好的油管整齐排列在油管桥上，每 10 根一组，以井口方向按下井顺序排列。

3. 组配管柱结构

（1）将下井的封隔器与配水器摆放在防渗布上，不得随意乱放。

（2）组装管柱时，用 900mm 管钳将井下工具涂抹密封脂后连紧，下井工具应保持清洁。

（3）管柱结构应满足施工设计要求。下井管柱要有管柱结构示意图，注明各种下井工具的名称、规范、型号及下井深度。

（4）管柱组配好后要与出厂合格证、施工设计、油管记录对照，多余或换掉的油管去掉，摆放到其他地方，核实无差错方可下井。

（5）分层配水管柱组配。计算方法如下：

第一级封隔器 = 油补距 + 油管挂长度 + 油管累计长度 + 第一级封隔器上钢体长度；

第二级封隔器 = 油补距 + 油管挂长度 + 油管累计长度 + 第一级封隔器长度 + 两级封隔器之间的油管长度 + 配水器长度 + 第二级封隔器上钢体长度；

尾管深度 = 油补距 + 油管挂长度 + 油管累计长度 + 第一级封隔器长度 + 两级封隔器之间的油管长度 + 配水器长度 + 第二级封隔器长度 + 配水器长度 + 中间球座 + 第二级封隔器与丝堵之间所需油管长度 + 筛管 + 丝堵。

十、下配注管柱

（1）各岗位应进行检查，井架基础、井架无变形等缺陷。绷绳受力均匀，无打结、断股，每扭矩断丝不超过 5 丝，绷绳端卡子紧固。地锚坚固无松动，大绳无压扁、松股、扭折、硬弯，每扭矩断丝不超过 5 丝。游动滑车、天车、滑轮转动灵活、护罩完好。大钩弹簧、保险销完好、转动灵活、耳环螺栓应紧固。吊环无变形、磨损及腐蚀，吊卡本体无变形、腐蚀和裂纹，月牙、手柄灵活可靠。液压钳配件完整灵活、悬吊牢靠，吊绳、尾绳无断丝固定牢靠，松紧度合适。背钳无裂纹弯曲，尾绳无断丝固定牢靠，松紧度合适。设备运转系统正常、刹车灵活可靠。指重表灵敏完好。操作人员选择和清理好逃生通道。

（2）侧身先打开套管闸门后开防喷器，取出全封棒。

（3）将油管外螺纹涂好密封脂，按照管柱排放顺序下入井内，拉油管人员将尾管前端抬放到桥枕上尾部放到滑道小车上，井口操作人员将吊卡扣在油管上，锁好后翻转 180℃ 使月牙朝上。吊环挂入吊卡的两个耳朵内，插上吊卡销子锁紧，拉住吊环。指挥司机缓慢上提，待吊卡提离井口，井口操作人员后退一步随着游动系统方向观察。拉管人扶住管体，平稳送到井口操作人手中，操作人扶稳管体对准井口，司机缓慢下放，同样的方法提起第二根油管与尾管对接后，用液压钳上紧。下入封隔器与配水器时不得用液压钳上扣，如此完成下管柱。

（4）拉送油管人员必须站在油管侧面，用管钳拉住油管与油管保持同速同时观察井口人员和游动系统运转的方向，平稳地将油管送至井口操作人员手中。

（5）井口操作人员将吊卡扣在欲下井油管上，锁紧手柄后退一步随着游动系统方向观察。

（6）推荐最佳上扣扭矩：钢级为 J–55、通称直径为 62mm 非加厚油管 1.45kN·m，钢级为 J–55、通称直径为 76mm 非加厚油管 2.04kN·m。

（7）油管在下到设计井深最后几根时，下放速度不超过 5m/min，防止因长度误差顿弯油管。

（8）坐油管头时检查密封圈是否完好，缓慢下放管柱将油管头坐入四通内，顶紧顶丝。

（9）施工人员各负其责，紧密配合，服从指挥。下油管过程中注意随时检查手柄销子、月牙、背钳是否安全好用，随时观察修井机、井架、绷绳和游动系统的运转情况，发现问题立即停车处理。五级风以上、雷雨沙尘天、雾大视线不清时禁止作业。

十一、拆防喷器

将防喷器螺丝对角砸松卸掉，把钢丝绳套固定在防喷器上，挂在大钩内锁紧保险销，专人指挥平稳吊起放到远离井口处，摘下绳套。取出钢圈。

十二、坐井口

（1）检查所需工具、绳套、棕绳。采油树闸门全部打开，确定指挥人员，岗位分工明确。

（2）大小钢圈清理干净涂抹黄油，将钢圈槽清理干净，钢圈平整放入钢圈槽。

（3）把专用钢丝绳挂牢在采油树两侧闸门上。棕绳拴牢在总闸门下部。

（4）指挥司机平稳上提采油树，调整好平衡，用棕绳或钢丝绳将采油树拉住，司机听从指挥缓慢上提，将采油树平稳坐到井口上。上紧螺栓。采油树与来水管线用卡箍相连接。

十三、反洗井

倒反洗井流程，用来水反洗井2h，排量24m³/h，出口进回收罐车见清水为止。

十四、磁性定位

磁性定位数据交给测试队进行所下管柱磁性定位验证所下管柱位置无误。

十五、释放

按照设计要求打压、稳压。释放完成后管柱数据及时交给采油矿。

十六、收尾交井

（1）将游动滑车拉到地面并松开大绳，拉力表平稳拉置地面，拆掉拉力表连接螺丝，装好专用接头，缓慢将游动滑车提起。打开大钩锁销，两人扶住滑车，将固定大钩的钢丝绳套放入大钩内锁好，指挥司机缓慢上提，使各股大绳受力均匀，大钩脖子稍微伸出时停止，操作人员系好安全带，带好工具，上到井架上固定好安全带，用绳卡子将大绳卡紧，下到地面。指挥司机缓慢下放使快绳解除负荷并匀速转动滚筒，操作人员拉住活绳整齐地将大绳盘在井架上。拆掉活绳头上的绳卡子。

（2）起出的井下工具、油管摆放整齐，及时回收。

（3）井口设备流程与施工前保持一致或按设计执行。刺洗干净，保证齐全，井口螺丝紧固平齐无刺漏。

（4）工具、用具、配件必须清理干净后装在工具房里，池子清理干净，盛液容器必须放空排净。

（5）井场干净、平整及井场外围符合环保要求。

（6）与采油队进行交井。

十七、施工总结编写

1. 施工总结内容

（1）基本数据。

套管规范、套管下入深度、人工井底、射孔井段、油层中部深度、射孔层位、原始压力、补心距、套补距、套管法兰短接长度、采油树型号。

（2）编写内容。

标准井号、施工目的、施工日期、完井管柱示意图、施工内容、备注说明、施工单位、填表人及审核人。

2. 编写要求

（1）整理班报、油管记录，按工艺要求、工序先后顺序总结本次施工过程。做到日期、时间衔接。

（2）按总结表格内容项目进行填写。

（3）填写各项静态数据，应与设计一致，施工中出现补孔、更换井口等，射孔井段、油套补距发生变化，应以变化后录取数据为准。

（4）作业资料录取项目执行相关标准。

（5）井下管柱结构图与管柱记录一致，与设计相符。井下管柱结构及井下工具示意图执行相关标准。

（6）施工中遗留问题及井下技术状况，应在总结备注栏内标注清楚。

（7）施工总结中应注明上次管、杆下井日期及厂家。

（8）施工总结应注明所有下井工具型号、厂家。

3. 施工总结上报期限

施工总结应在施工井完工 7 天内报施工单位技术部门审核，由技术部门上交或用微机网络传送到厂有关技术部门审核后上公司企业网。

第四节　注水井作业常用工具

通过分层配水管柱实现了同井分层注水，分层注水的实质是在注水井中下入封隔器，将各油层分隔，在井口保持同压力的情况下，加强对中低渗透层的注入量，而对高渗透层的注入量进行控制，防止注入水单层突进，实现均匀推进，提高油田的采收率。主要的井下工具有封隔器、配水器、配注器、节流器等。

一、封隔器

1. 封隔器概述

由于油层是非均质性的，各油层的产量、压力和吸水能力往往差异很大，这就需要对油井进行分层注水、分层采油、分层测试、分层改造、分层管理、分层研究，实现多油层油田的合理开发,这就要用到能起到分隔井下油层与油层的井下分层设备,即封隔器。具体来说,封隔器是指具有弹性元件,并以此封隔油套环形空间、隔绝产层,以控制产(注)层,保护套管的井下工具。

封隔器的主要工作过程有:坐封、验封、解封。

(1)坐封:封隔器在下至预定位置后,在给定的方法和载荷作用下动作,使封隔器的密封元件达到膨胀密封的工作状态。

(2)验封:封隔器坐封后,通过泵车打压,验证密封元件是否处于密封状态的操作。

(3)解封:当分层作业完成,需要从井内起出封隔器时,按给定的方法和载荷解除封隔件的工作状态的操作。

2. 封隔器型号编制原则及相关参数

为了便于使用和管理,执行《封隔器分类及型号编制方法》标准。

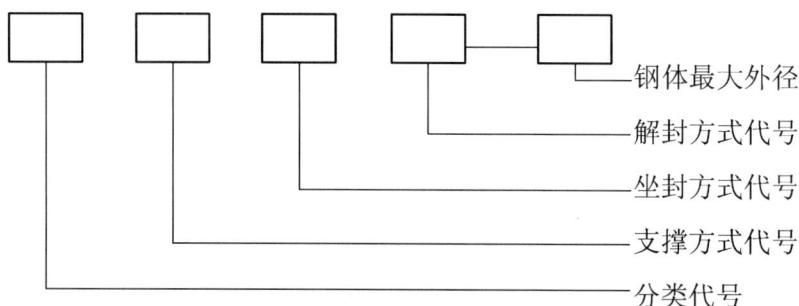

    钢体最大外径
    解封方式代号
    坐封方式代号
    支撑方式代号
    分类代号

(1)封隔器封隔件分类代号见表1-1。

表1-1 封隔器封隔件分类

分类名称	自封式	压缩式	扩张式	组合式
分类代号	Z	Y	K	各种方式组合

(2)支撑方式代号见表1-2。

表1-2 支撑方式代号

支撑方式名称	尾管	单向卡瓦	无支撑	双向卡瓦	锚瓦
支撑方式代号	1	2	3	4	5

(3)坐封方式代号见表1-3。

表1-3 坐封方式代号

坐封方式名称	提放管柱	转管柱	自封	液压	下工具	热力
坐封方式代号	1	2	3	4	5	6

(4)解封方式代号见表1-4。

表1-4　解封方式代号

解封方式名称	提放管柱	转管柱	钻铣	液压	下工具	热力
解封方式代号	1	2	3	4	5	6

（5）性能代号见表1-5。

表1-5　性能代号

性能名称	可洗井	堵水	保护	密封
性能代号	X	D	B	M

（6）钢体最大外径用阿拉伯数字表示,单位是毫米(mm);温度单位是℃;压力单位是MPa。

（7）执行《封隔器分类及型号编制方法》时,可将油田名称加大封隔器型号的前面,特殊用途加到封隔器型号后面,型号编制仍按此标准。

二、常见封隔器的使用

1. 压缩式封隔器

压缩式封隔器靠轴向力压缩封隔件,使封隔件直径变大实现密封的。

以常用的压缩式封隔器Y341-114-FX/ZS为例。

Y341-114-FX/ZS封隔器的结构见图1-1。

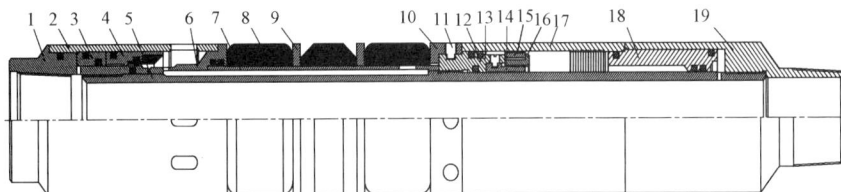

图1-1　Y341-114-FX/ZS封隔器的结构
1—上接头;2—洗井外套;3—小活塞;4—洗井滑套子;5—中心管;6—外中心管接头;
7—外中心管;8—胶筒;9—隔环;10—坐封接头;11—坐封销钉;12—固定活塞;
13—解封销钉;14—卡环座;15—卡环;16—备帽;17—工作筒;18—坐封活塞;19—下接头

Y341-114-FX/ZS封隔器的工作原理为:

（1）坐封。

该封隔器按要求随分层注水管柱下井到预定位置,无需专用加压设备,且不须限制水嘴大小,可直接依据地质方案选配水嘴。井口注水压力产生封隔器坐封所需的静压(依据封隔器下入深度所规定的静压)一方面通过中心管上的传压孔作用在传压活塞上推动洗井活塞,使洗井活塞与外中心管的斜面密封,堵死洗井通道;另一方面通过中心管下传压孔作用坐封活塞上压缩由坐封活塞、工作筒、卡环挂与中心管及多个密封圈组成密闭的低压空腔,推动工作筒剪断坐封销钉上行压缩胶筒,当上行到一定行程时,工作筒上的卡牙挂卡在锁紧环上,可以使胶筒始终处于与套管筒密封状态(当封隔器下压增大时,下压由洗井通道上行,通过外中心管上空腔作用于传压活塞上使之行至上接头的限位台阶处,同时作用与洗井活塞上,增加洗井活塞与外中心管斜面密封压力从而使洗井通道关闭更严,也可以避免由于井口压力波动及开关井时洗井活塞开启而导致洗井通道关闭不严)。

(2)洗井。

按规定的洗井周期进行洗井时,从油套环空加压,液压作用于洗井活塞上推动传压活塞上行,打开洗井通道,此时洗井水通过外中心管上空眼进入中心管与外中心管组成的洗井通道,再由外中心管下的孔眼,通过坐封接头孔眼出去形成了畅通洗井通道,当洗井完毕时,注水压力由中心管上传压孔作用与传压活塞推动洗井活塞关闭洗井通道。

(3)解封。

解封时上提封隔器作用力由上接头传递到中心管,由中心管传递到卡环挂及解封销钉上向上的拉力;胶筒与套管摩擦力向下,使解封销钉受剪切,当力达到一定程度,剪断解封销钉,此时,在胶筒弹力作用下坐封接头,工作筒带动锁紧环、销钉座下行,使封隔器解封。

Y341 – 114 – FX/ZS 封隔器使用时的注意事项如下:

(1)下井工具要轻拿、轻放不要猛摔、猛砸,保持下井工具螺纹的完好无损。

(2)下井过程要平稳,不要猛提猛放。

(3)完井注水时要猛开闸门,5min 后再控制注水闸门,如发现套管有溢流,可反洗井再正常注水。

(4)测试、注水时开、关闸门要平稳,避免油、套压差过大。

2. 水力扩张式封隔器

水力扩张式封隔器没有支撑,靠油管内施加液压,使胶筒向外扩张来封隔油套环形空间的,所以水力扩张式封隔器是靠油套的内外压差来实现坐封的,即油管压力必须大于套管压力,故而水力扩张式封隔器必须和节流器配套使用。

以验窜中常用的水力扩张式封隔器 K344 型为例。

(1)用途。

与偏心配水器配套使用用于分层注水,与节流器配合使用于验窜。

(2)K344 型水力扩张式封隔器的结构见图 1 – 2。

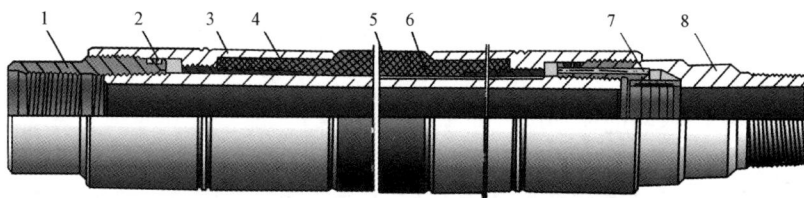

图 1 – 2 K344 型水力扩张式封隔器的结构

1—上接头;2—"O"形圈;3—胶筒座;4—硫化芯子;5—胶筒;6—中心管;7—滤网;8—下接头

(3)工作原理。

封隔器下至预定位置后,从油管内加液压,液压作用到下接头、滤网、进入到中心管水槽,作用于胶筒内腔。当管内外压差达到 0.5 ~ 0.7MPa 时,胶筒开始扩张,密封油、套环形空间,可达到分层注水的目的。

解封时,只要关掉井口注水压力,胶筒自然收缩,即可达到解封的目的。

（4）优缺点。

优点：可以进行反洗井，结构简单。

缺点：长时间在井下注水，胶筒容易破裂，选成封隔器失效。

三、配水器

在往地层注水时，由于地层的吸水能力不同，对注水的水量的要求也不一样，根据不同地层的不同要求，采用专门的配水工具，进行分层定量地注水。以大庆油田萨北开发区中常使用的 PS114 × 46 × 20 × 120/25P 偏心配水器为例。

1. 结构

PS114 × 46 × 20 × 120/25P 偏心配水器的结构见图 1 - 3。

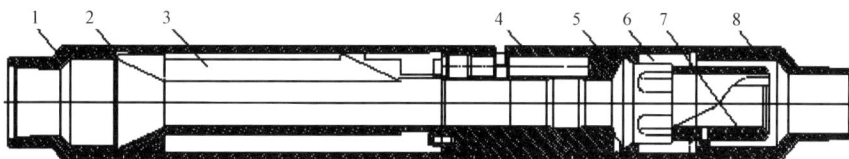

图 1 - 3 PS114 × 46 × 20 × 120/25P 偏心配水器
1—上接头；2—上连接套；3—扶正体；4—主体；5—下连接套；6—支架；7—导向体；8—下接头

2. 工作原理

注水：正常注水时，堵塞器靠其自身的 $\phi22mm$ 台阶坐于工作筒主体的小偏心孔上，堵塞器的小凸轮卡于主体小偏心孔上部 $\phi22mm$ 的扩孔处，堵塞器上的 4 道"O"形密封圈封住工作筒主体的出液槽。注入水即经堵塞器的滤罩、水嘴、堵塞器的出液槽和工作筒主体的偏心测孔进入油、套环形空间后注入地层。

捞堵塞器：将投捞器的投捞头换成打捞头。收拢锁好投捞爪和导向爪，用录井钢丝将投捞器下过配水器工作筒。然后上提到工作筒上部，投捞器过工作筒主通道时遇阻，锁块和锁轮一起向下转动，投捞爪和导向爪失锁向外转出张开。继续下放投捞器，导向爪沿工作筒导向体的螺旋面运动，当导向爪进入导向体的缺口时，投捞爪已进入工作筒扶正体的长槽，正对堵塞器头部。待下放遇阻，打捞器已捞住堵塞器的打捞杆。然后再上提投捞器，堵塞器打捞杆压缩堵塞器内压簧上行，下端与凸轮脱离接触，凸轮则在扭簧的作用下向下转动，使凸轮内收，堵塞器被捞出工作筒，起到地面。

投堵塞器：将投捞器的投捞头换成投送器，把堵塞器头部插入投送器内，二者用剪钉连接好。投放时按投捞施工步骤将堵塞器放入工作筒主体的小偏孔内。然后，上提投捞器，堵塞器中的小凸轮已卡在工作筒主体的小偏心孔内 $\phi22mm$ 的扩孔处，剪钉被剪断，堵塞器留在工作筒内，投捞器被起出。

四、喷砂器（又名节流器）

1. 用途

（1）通过喷砂器从油管向地层注入压裂酸化工作液和支撑剂等；

（2）通过喷嘴产生节流压差，以确保封隔器有足够的坐封工作压差；

（3）反洗解堵，沟通反洗通道。

2. 结构

喷砂器的结构见图 1-4。

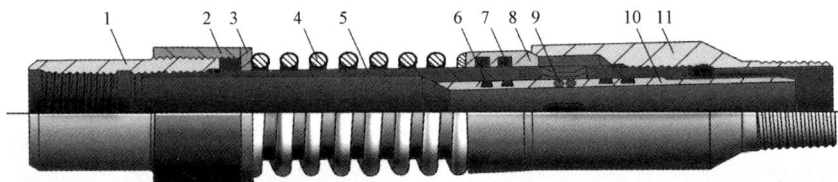

图 1-4 喷砂器结构

1—上接头;2—调节环;3—顶环;4—弹簧;5—中心管;6—阀头;7—"O"形圈;8—下接头

3. 工作原理

工作时,高压液体经中心管的空眼作用在阀上,推动阀和护罩压缩弹簧上行,阀打开,高压液体经阀和油、套管环形空间进入地层,高压时阀开始喷射,当油管内高压放掉时,弹簧使阀关闭,防止油管环形空间的高压液体进入油管,调节环的上扣与松扣可以调节弹簧的松紧,以调节阀的开启压力。

4. 注意事项

(1)阀的启开压力为 1.5MPa,当中心管内液体压力小于阀启开压力时,阀必须不渗不漏,当大于阀起开压力时,液体喷射要均匀。

(2)阀启开压力调节好之后,整体清水试压 25MPa,稳压 5min 为合格。标记好阀滑套通径尺寸。

(3)单级或多级使用的最下级不装滑套,其余各级均装入相应的滑套,下井连接的顺序为从下到上内径由小到大,不能连错。

五、底部球座

底部球座连接在尾管下端,在打压球与球座密封,达到一定压力时,封隔器释放;在反洗井时,球体上行于球座分开,油管通道打开,实现反洗井。

六、配注器(JP-I-聚合物驱注入井偏心-104-46-29-JT)

以 JP-I-聚合物驱注入井偏心-104-46-29-JT 为例介绍配注器。

1. 结构

配注器结构见图 1-5。

2. 工作条件

该偏心配注器适用于 5½in 套管,内径为 ϕ124~127mm 的套管。

3. 使用范围

适用于聚合物注入井、三元复合驱注入井的分层配注。

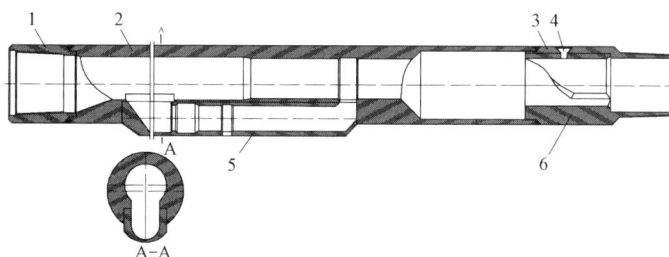

图 1 - 5　配注器
1—上接头;2—主体;3—导向体;4—固定螺钉;5—偏孔扶正体;6—下接头

4. 工作原理

(1)根据聚合物注入井、三元复合驱注入井配注方案要求,用封隔器将注入井分隔成不同的配注层段,在每一层段对应下入一级本偏心配注器,通过堵塞器来控制各层段的分层注入压力,从而达到分层配注目的。

(2)对应不同配注层段的偏心配注器(井下工作筒及堵塞器)的尺寸完全相同,因此本偏心配注器就能够与常规水井偏心配水器一样可以做到投捞任意一级。采用目前现场应用的非集流电磁流量计即可完成分层流量的测试,由于该工具中心通道为 $\phi46mm$,故可以充分满足注入剖面的测井要求。

第五节　水井作业常见问题处理

一、起下水井管柱时油管头拔不动

油管头长时间坐在四通内,与四通粘连。

此时的常用方法为:

方法 1:粘连不严重时,将提升短节与油管头相连,在提升短节上扣上吊卡,吊环挂在吊卡两耳朵内,上提 300kN 刹住,操作人员用大锤砸四通上平面,避开钢圈槽,和四通侧面。

方法 2:在提升短节上扣上吊卡,吊环挂在吊卡两耳朵内上提 300kN 刹住,将 2 个 50t 千斤顶分别支在吊卡两侧,同时加力直至将油管头拔出。

二、打捞时管柱上顶的处理

因井内封隔器未解封,打捞时容易发生管柱上顶,此时处理步骤为:(1)用注入水或水泥车反打压使封隔器上下压力平衡或者封隔器解封;(2)加压起出打捞管柱。

第二章 抽油机井检泵作业

抽油泵在井下工作过程中,难免受到砂、蜡、气、水及一些腐蚀介质的侵害,使抽油泵的部件受到损害,造成抽油泵工作失灵,油井停产。因此,检泵是保持泵的性能良好、维护抽油井正常生产的一项重要手段。

油井检泵的主要工作内容就是起下抽油杆和油管。油层压力不大的井,可用不压井作业装置进行井下作业,对于有落物或地层压力稍高的井,可用卤水或清水等压井后再进行井下作业,应尽量避免用压井液压井。

由于井下抽油泵发生故障应进行检泵,两次检泵之间的时间间隔称为检泵周期。油井的产量、油层压力、油层温度、出气出水情况、油井的出砂、结蜡、原油的腐蚀性、油井的管理制度等许多因素都会影响检泵周期的长短。

抽油机井检泵的原因一般有以下几种:

(1)油井结蜡造成活塞卡、阀卡,使抽油泵不能正常工作或将油管堵死。

(2)砂卡、砂堵。

(3)抽油杆的脱扣。

(4)抽油杆的断裂。

(5)泵的磨损,造成漏失量不断增大,导致产液量下降,泵效降低。

(6)抽油杆与油管发生偏磨,将油管磨坏或将接箍、杆体磨断。

(7)为查清因油井的动液面发生变化而导致的产量发生变化。

(8)根据油田开发方案的要求,需改变工作制度换泵或需加深或上提泵挂深度等。

(9)其他原因:如油管脱扣、泵筒脱扣、衬套乱、大泵脱接器断脱等。

第一节 抽油机井检泵作业基本工序

一、编写施工设计

(1)施工设计根据地质方案设计和工艺设计的要求而编制。

(2)施工设计应注明油田名称、井号、井别、编写人、审核人、审批人、编写单位和日期,应提供明确的施工目的,有详细的基础数据和生产数据,提供目前井内管柱结构和下泵管柱示意图及下井工具名称、规范、深度,明确施工步骤及施工要求,提出施工中的安全注意事项及井控环保要求。

(3)施工设计应履行审批手续,有设计人、初审人、审批人签字。

(4)施工设计变更应编写补充设计,并履行审批手续。

二、施工现场勘察

(1)调查核实施工井所归属的采油厂、矿、队及方位、区域、井别、井号。

（2）调查通往井场的道路状况、距离、沿途道路上的障碍物,输电线路、通信线路、桥梁、涵洞的宽度、长度和承载能力。

（3）调查井场的使用有效面积(50m×50m),能否立井架、摆设油管、抽油杆、工具房、值班房、锅炉房、池子、污油水回收装置,车辆停放位置,井场土壤状况能否满足地锚承载的安全要求。

（4）调查该井是否在敏感区域。井场周围有无易燃易爆危险品,有无怕震动、怕噪音的民用设施。

（5）调查可向井场供电的电源、电压、供电距离、接电的方式等。

（6）调查采油树型号及完好情况,井口装置能否与井控装置配套,地面流程情况,所属的计量间,抽油机型号,驴头拆装方式,刹车完好情况,井场设备及装置是否有碍于作业施工。

三、立放井架(固定式)

1. 打桩

（1）打桩车出车前按施工任务量及井架负荷选择符合标准的地锚桩装在车上,保证每口井具备前地锚桩、二道地锚桩、后地锚桩各两根。地锚桩应使用长度不小于1.8m、直径不小于73mm的石油钢管;螺旋地锚片应使用厚度不小于5mm、直径不小于250mm、长度不小于400mm的钢;钢筋混凝土地锚的外形尺寸应采用1000mm×1000mm×1300mm(长×宽×高)。

（2）根据井场环境,选好地锚桩的位置,地锚孔眼位置不得选在油水井管线和电缆铺设的位置,避开电缆及管线走向。同时,绷绳坑的位置应避开水坑、钻井液池及土质疏松的地方,绷绳应距输电线5m以上。地锚桩施工尺寸要求:后地锚桩连线至井口距离24m,前地锚桩连线至井口距离22m,井架二腿中心至井口垂直距离1.8m,二道地锚桩至后地锚桩连线距离1m,二道地锚桩至后地锚桩距离1.4m,后地锚桩之间距离16m,前地锚桩之间距离14m。以上地锚桩位置偏差不大于0.5m。

（3）打桩时由专人指挥,专人操作。支好车尾部千斤顶,检查锤架上空有无障碍物,立起锤架,穿好固定销。操作手把滚筒上升起锤架的钢丝绳摘掉,使滚筒转动,吊起桩锤,刹紧滚筒后把锤固定销取掉。

（4）打桩时操作手与扶桩人员应当严密配合,不允许用手扶桩,要使用机械方式扶桩。桩锚扶正后,首先控制锤的下落速度要慢,轻轻打压桩锚,当桩锚与地面垂直稳定后人立即离开,再加重打桩力度,打至地锚孔眼或环形挡板离地面50~100mm为止。

（5）利用滚筒刹车,轻轻放倒锤架,注意不得摔坏锤架。

（6）打桩过程中移动车辆时,必须将锤架放倒,严禁直立锤架移动。

（7）冬季地表冻层深达300mm以下时,要用蒸汽刺桩眼等工序后,再打桩。五级以上大风、雷雨天、雾天能见度较低的天气时禁止打桩。

2. 拔桩

（1）拔桩时,操作手注意观察空中、地面和全车工作情况,当有障碍物时要待排除后才能工作。

（2）支好车尾部千斤顶,拔桩人员把吊钩挂在地锚销上,操作手挂滚筒离合器,开始拔桩。

（3）拉紧钢丝绳,逐渐加大发动机油门。指挥人员随时注意千斤顶和插销有无打滑现象,若有立即示意停止拔桩,进行调整处理。

(4)地锚拔动后,缓慢减力直到拔出,放在车上,固定牢固。拔桩过程中移动车辆时,必须将支架放倒,严禁直立支架移动。五级以上大风、雷雨天、雾天能见度较低的天气时禁止拔桩。

3. 立井架

(1)立井架必须由专人指挥,专人操作,专人观察。车辆进入井场前检查是否有障碍物,如:高压线、通信线和落线架。井架运到井场后,找好井口对准汽车中心线,打好井架基础。确保井架底座基础最小压强为 0.15~0.2MPa,把车倒进井场,使汽车中心线与井口中心线重合,汽车在后轮中心距井口 7~8m 之间停稳,刹好车。

(2)启动油泵:先打开油箱,接通取力装置,使油泵运转正常。

(3)支好支腿千斤顶,将 4 个锁紧缸收回,松开井架。

(4)检查井架无有开焊、断裂、缺件,无明显鸡胸、驼背等变形。检查井架各部件、天车、爬梯、护圈、基础销子等,使之处于完好状态。

(5)抬起起升架多路换向手柄,起升架慢慢升起,当井架随起升架升至 70° 之前,为防止倒井架事故,必须按要求系好后绷绳,与地锚桩上的花兰螺丝联结,用与地锚绳直径相匹配的卡子卡紧,卡距 200~250mm。绳卡子安装方向符合"U"形环卡在辅绳上的要求。后头道地锚绳 4 个卡子,后二道和前道地锚绳 2 个卡子,地锚绳直径 16mm,要求无断股、断丝。

(6)升起井架,使井架基础坐在预先整理好的地面上,井口距井架两腿之间距离 180±5cm。

(7)继续升起升架,绷绳岗人员压紧后绷绳,把起升架升至指定位置,使天车对井口位置偏差不大于 100mm,通过铅垂进行检验。

(8)将前绷绳固定在前地锚桩的花兰螺丝处,用绳卡子卡紧。

(9)固定好的井架应按标准安装好 6 根绷绳,井架后绷绳、前绷绳、二道绷绳各 2 根,后绷绳最小直径不小于 16mm,前道绷绳、二道绷绳最小直径不小于 13mm。前道绷绳、后二道绷绳各 2 个绳卡子,后头道绷绳 4 个绳卡子。绳卡子安装方向符合"U"形环卡在辅绳上的要求,卡距为绷绳直径的 6~8 倍,要求绷绳无断股、断丝、无接头、无硬弯打扭等,卡紧程度以钢丝绳变形 1/3 为准。花兰螺丝处的螺栓伸出长度在各部尺寸达到要求时应不大于螺栓长度的 1/2。

(10)缓慢回收起升架,收起千斤顶,分离动力,安全离开井场。

(11)夜间、五级风以上、雷雨天、下雪、雾天及能见度较低天气时不得立井架。

4. 放井架

(1)放井架必须由专人指挥,专人操作,专人观察。利用载车的液压调整千斤顶和水平尺使载车与井口对中找平。

(2)按下多路换向阀,慢慢升起升架,使得锁销将井架锁紧。

(3)将前绷绳从地锚桩解开,慢慢收回起升架,观察井架是否接正,如发现异常应进行调整。

(4)基础离地的检查基础螺丝、井架销子,上提并锁紧井架,盘好绷绳。

(5)继续收回起升架,当起升架越过垂直角度时,切断动力,靠井架的自身重量使井架平放在载车的起升架上,收回液压千斤顶。

（6）夜间、五级风以上、雷雨天、下雪、雾天及能见度较低的天气时不得放井架。

（7）井架在转运过程中，要设有超高标志，注意瞭望，防止刮碰电线，车速不得超过40km/h。

四、搬家

（1）组织班组人员，在搬家过程中必须听从现场指挥人员的指挥安排。

（2）吊装前检查值班房、工具房、污油回收装置、方铁池、油管爬犁的吊绳、保险销是否符合安全技术要求。吊装钢丝绳套无断丝、断股。保险销紧固有无损伤。检查工具房、值班房门窗是否锁好。

（3）吊车就位后，四脚伸开支平牢固，吊装时吊杆悬臂工作范围内不许站人，被吊物体上、下严禁站人。

（4）操作人员在车辆停稳后方可上前操作，挂牢绳套，待操作人员手离开绳套，绳索受力后，操作人员离开吊装物，平稳起吊。指挥卡车就位，缓慢下放物体卸载，吊装物就位时，操作人员必须站在无障碍的地方扶正。操作人员摘钩撤走后，方可指挥行车。

（5）搬家作业设备要合理吊装，不得挤压、撞击，盛液容器必须放空排净。吊装用的钢丝绳必须满足承吊重物的安全载荷，提钩要挂牢，捆绑要结实。

（6）搬家车辆在行驶过程中要安全驾驶。

（7）作业机上拖车要有专人指挥，地面要平整坚实，道路两边无深沟等。

（8）搬家到井场后专人负责把值班房、工具房、锅炉房在距井口30m附近摆放成"一"形、"L"形或"U"形。锅炉房应就位在井口上风处，锅炉房与值班房应分开放置，其距离应大于4m或按作业队实际要求摆放。方铁池（储液池）就位在距井口30m以外便于车辆通行处，做到水平放置排列成行。污油回收装置就位在井口上风15m附近。

（9）五级以上大风等恶劣天气禁止搬家。

五、施工准备

1. 交接井

（1）开工前，通知施工井所在采油队，在约定时间准时到井上交接井。

（2）按规定程序进行交接，采油工详细介绍，作业队认真作好记录。交接清楚地面流程、电路、流程保温、设备完好情况、井场及井场外围环保情况。交接清楚施工井的井生产情况。对井口设备和井场设施逐点进行交接。

（3）由采油队负责倒好流程，施工过程中不得随意改动，以保证施工完毕后顺利投产。

（4）双方在现场认真填写油井作业施工交接书，经甲乙双方签字，一式两份，各持一份。

2. 井场用电

（1）井场电线用胶皮软线，应无破漏、损伤，绝缘可靠，满足载荷要求，不准用照明线代替动力线。

（2）线路整齐，不得穿越井场、妨碍车辆交通及在油水池内通过，动力线架设高度不低于1.2m，照明线架设高度不低于1m。严禁拖地或挂在绷绳、井架及其他铁器上，过路要铺垫板。

（3）各种用电设施性能应完好，开关、闸刀、线路连接符合安全用电要求。

（4）电器开关应装在距井口 5m 以外的开关盒内,低压照明灯、闸刀应分开设置且不准放在地面。所有保险丝应规范使用,严禁用铜、铝等线材代替。

（5）井场照明使用直流低压设备,放在距井口 10m 以外,不准直射作业司机和井口操作人员。

（6）井架照明应用防爆灯,电线保证绝缘,固定可靠。

3. 井场消防及安全标识

（1）井场应配备 8kg 灭火器 4 个,消防锹 2 把,消防桶 2 个,消防钩 2 个;值班房配备 8kg 灭火器 2 个,作业机配备 4kg 灭火器 1 个。

（2）消防器材应指定专人负责交接,每月检查一次,达不到标准及时更换(如:灭火器压力表指针在绿区范围内,不在就更换)。

（3）井场内严禁吸烟、动火,如动火必须履行动火手续。

（4）井场应用安全警示带围好,高度为 0.8 ~ 1.2m,插好警示旗。

（5）井场应有明显的安全警示标识、必须戴安全帽、禁止烟火、必须系安全带、当心机械伤人、当心触电、当心高空坠落、当心井喷、当心环境污染。

（6）井场安全通道畅通并做明显标识,安全区域位置合理标识清楚。

（7）井场应设置风向标(风向袋、彩带、旗帜或其他相应装置),应设置在现场容易看到的地方。

4. 作业机就位

（1）检查作业机就位线路上是否有管线、电缆等危险物暴露出地表,道路是否平整坚实。

（2）由专人指挥,按照预定线路通往预定位置,作业机行走时司机要精力集中,服从指挥。其他人员远离作业机通道防止发生伤害事故。

（3）到达预定位置后作业机司机调整车位,使作业机尾部位于距井架基础 3 ~ 5m,且滚筒正对井架并处于水平状态。

5. 卡活绳

（1）检查绳头不能破股,绳卡与大绳直径匹配并质量合格。

（2）将作业机滚筒刹车刹死,把活绳头用细铁丝扎好并用手钳拧紧,同时从作业机滚筒一侧的专用于固定提升大绳的孔眼穿过。

（3）将活绳头从滚筒内向外拉出 5 ~ 10m,把活绳头围成约 20cm 左右的圆环,然后用 22mm 钢丝绳卡子卡在距离绳头 4 ~ 5cm 处,用 300mm × 36mm 活动扳手拧紧绳卡螺母(松紧程度以挡住绳卡时,一人用力能滑动为止)。

（4）将绳环纵向穿过井架底部呈三角状的拉筋中间,撬杠固定住绳环卡子,来回拉动钢丝绳,使绳环直径小于 10cm,取出绳环,用活动扳手将绳卡卡紧。卡紧程度以钢丝绳直径变形 1/3 为适宜。

（5）在滚筒一侧拉动钢丝绳,使活绳头绳环卡在滚筒外侧,以不碰护罩为准。

6. 盘大绳

（1）检查作业机滚筒部分及刹车是否灵活好用,检查随身携带工具,检查大绳有无毛刺,防止刮伤。有专人指挥,各岗位之间分工明确。

（2）一人在地面将大绳拉紧，作业司机平稳操作，服从指挥，使用一挡、低油门操作，缓慢正旋转滚筒，另一人站在作业机滚筒前大绳一侧用手锤将卷起的大绳一圈一圈砸紧，直到活绳受力绷紧。然后操作人员系好安全带上到井架上固定好安全带，卸掉固定大绳的绳卡子。指挥司机缓慢下放游动滑车，井口两人同时用力推住游动滑车大钩耳环将固定游动滑车的钢丝绳套从大钩内摘下。

（3）试提游动滑车检查大绳在滚筒上是否排列整齐，不得出现交叉和磨滚筒的现象。盘好后的大绳在滑车放到最低点时在滚筒上不少于15圈。

7. 卡拉力表

（1）检查拉力表是否有检验合格证并在有效期内，符合技术规范。检查拉力表专用接头、连接螺丝及保险销是否完好。保险绳应与大绳直径相同，绳套长度应小于1m，并用6个绳卡子固定。死绳走井架腹内，大绳死绳头与拉力表上部专用接头处应系猪蹄扣，死绳余出1.5m左右，并用4个配套绳卡固定牢靠，卡距15～20cm。拉力表下部专用接头应穿在底绳套中间，底绳套用猪蹄扣兜绕于井架双腿上，并用4个绳卡固定，卡距15～20cm。

（2）将游动滑车拉到地面并松开大绳，把拉力表连接环平稳拉至地面，拆掉拉力表连接环，用拉力表专用螺丝连接好拉力表上下环，螺丝上穿好保险销。操作人员手扶游动滑车侧面拉住大钩指挥司机缓慢上提游动滑车。拉力表在上行过程中应有专人扶正，防止刮碰井架损坏拉力表。

（3）装好后的拉力表悬挂在井架腿底部中间，距地面高度2m，壳体位于井架角铁之间，表面清洁并面向作业机。用绳套将拉力表拴在上方井架横梁上，防止起下管柱时拉力表晃动磕碰井架损坏拉力表。

8. 卡二道绷绳

二道绷绳最小直径不小于13mm，无断股、断丝、无接头、无硬弯打扭等。将花兰螺丝松到位，用底绳套穿过花兰螺丝环和地锚桩，不少于2圈，用3个绳卡子卡紧，将二道绷绳穿过花兰螺丝上环拉紧用2个绳卡卡紧。绳卡子安装方向符合"U"形环卡在辅绳上的要求，卡距为绷绳直径的6～8倍，卡紧程度以钢丝绳变形1/3为准。正旋动花兰螺丝至绷绳受力。

9. 校井架

（1）检查各道绷绳、花兰螺丝是否完好。准备好2根撬杠。

（2）提放游动滑车观察与井口对中情况。

（3）井架向井口正前方偏离时，用撬杠别住花兰螺丝上环保持不动，用另一根撬杠插入花兰螺丝母套手柄内转动撬杠，松前两道绷绳，紧后四道绷绳。井架向井口正后方偏离时，松后四道绷绳，紧前两道绷绳。

（4）向正左方偏离时，松左侧前后绷绳，紧右侧前后绷绳。向正右方偏离时，松右侧前后绷绳，紧左侧前后绷绳。

（5）向左前方偏离时，松左前绷绳紧右后绷绳。向右前方偏离时，松右前绷绳紧左后绷绳。

（6）向左后方偏离时，松左后绷绳紧前右绷绳。向右后方偏离时，松右后绷绳紧左前绷绳。

（7）井架底座基础不平而导致井架偏斜由安装单位负责校正。

（8）校井架时，一定要做到绷绳先松后紧，不能同时松开两道绷绳。倒绷绳时必须卡保险绳。严禁用作业机拉顶井架。

（9）旋转撬杠时按需要的方向转动，两人要配合好，防止撬杠伤人。

（10）井口专人观察，直至校到位。校正标准为天车、游动滑车、井口三点成一线前后不得偏离 5cm。左右不得偏离 2cm。每条绷绳受力均匀，余绳盘成圈。花兰螺丝余扣不少于 10 扣，便于随时调整。

10. 拆驴头

（1）拆卸式驴头。

① 确定操作指挥人员，各岗位分工明确。用试电笔检查配电箱是否漏电，检查抽油机刹车，是否可靠，检查吊绳、安全带、携带工具符合要求。

② 启停抽油机时应有两人操作，一人侧身按下抽油机启动按钮将抽油机停在接近下死点 0.3～0.5m，时按下停止按钮，另一人拉动刹车手柄刹死刹车，注意抽油机曲柄旋转范围内不许站人。用方卡子把光杆卡在防喷盒以上 10～20cm 处，松开刹车，启动抽油机使方卡子坐在防喷盒上，解除驴头的负荷，使抽油机游梁处于下死点状态，刹住刹车，将抽油机电源主控箱断电。有专人监护抽油机刹车，卸掉卡在工字架上方的方卡子、防掉帽，将工字架依次拿出放到工具架上。将直径不小于 16mm 的钢丝绳套一端挂在大钩内，锁好保险销，指挥司机缓慢上提滑车至驴头上方。

③ 高空作业人员上驴头前，清理好脚下异物，将随身携带的工具系好保险绳，平稳到达游梁拴好安全带。将直径不小于 16mm 的专用钢丝绳套穿过驴头上的吊环，打开大钩保险销，将绳套挂在大钩内锁好保险销。用扳手卸松两边的顶丝，拔出驴头销子上的保险销，抽出驴头销子，从抽油机上回到地面。指挥司机缓慢上提，驴头离开游梁后，缓慢平稳下放，系好牵引绳，将驴头拉放在不影响逃生路线的位置摆放好，卸掉一侧的顶丝将驴头放倒盖上防渗布。

④ 松开抽油机刹车，使游梁扬起，刹死刹车。将抽油机电源主控箱断电。

⑤ 12 型和 14 型抽油机拆装驴头必用吊车吊装。

（2）侧翻式驴头。

① 将抽油机停在接近下死点 0.3～0.5m，刹死刹车，注意抽油机曲柄旋转范围内不许站人。用方卡子把光杆卡在防喷盒以上 10～20cm 处，松开刹车，启动抽油机使方卡子坐在防喷盒上，解除驴头的负荷，使抽油机游梁处于下死点状态，刹住刹车，将抽油机电源主控箱断电。卸掉卡在工字架上方的方卡子、防掉帽，将工字架依次拿出放到工具架上。

② 慢慢松开抽油机刹车，启动抽油机，将悬绳器提出光杆端头。然后，使抽油机游梁处于水平状态，刹死刹车，将抽油机电源主控箱断电。

③ 操作人员清理好脚下异物，将随身携带的工具系好保险绳，背好牵引绳，平稳爬上游梁拴好安全带。操作人员将牵引绳一端牢固地拴在驴头上，另一端顺至地面。用手钳将驴头一侧的固定销子的保险销拿掉，然后用大锤依次将两个固定销子砸出。将游梁上的踏板收起固定好。

④ 待操作人员下到地面后，地面人员拉住牵引绳拉动驴头。

⑤ 驴头拉到位后，用牵引绳把驴头牢固地拴在抽油机的游梁上。

（3）上翻式驴头。

① 卸载后在抽油机驴头处于下死点时挂好专用提升绳套和牵引绳。

② 启动抽油机将驴头抬起至上死点后刹紧抽油机刹车。

③ 打开驴头锁紧装置,用游动滑车缓慢提升驴头上的专用绳套,当驴头上翻接近最高点时拉紧牵引绳,停止上提游车大钩,缓慢下放驴头,使其翻转在抽油机游梁上。然后缓慢松刹车使驴头处于上死点,刹死刹车。

11. 搭管杆桥

（1）检查井场地面是否平整,检查桥座是否完好。管、杆桥摆放位置要合理,确保逃生路线通畅。管、杆桥下铺好防渗布,四周围起20cm高的围堰。

（2）搭管杆桥时各岗位密切配合防止磕碰。桥座摆放平稳牢固,抬油管时轻抬轻放。管杆桥搭在距井口2m处,管桥搭3道桥,相邻两道桥间距3～3.5m,管桥距地面高度不低于0.3m,每道桥5个支点。杆桥搭4道桥,相邻两道桥间距2～2.5m。杆桥距地面高度不低于0.5m,每道桥4个支点。

（3）管杆桥搭好后检查整体摆放位置是否平整牢固。

12. 挖导流沟搭操作台板

（1）施工前在井口周围围20cm高的土堰,挖出导流沟,在井场旁挖1.5m³的溢流坑,分别铺好防渗布。溢流坑应用警示带围好。并有明显警示标志。

（2）根据井口操作需要,选择合适数量的操作台板、支架。摆放好操作台支架,铺好操作台板。保证操作台板完好无损,没有异物,基础应搭设平稳牢固。

13. 吊装液压油管钳

（1）操作人员系好安全带。用大钩将小滑轮和直径不小于12.5mm的钢丝绳带到井架适当位置(18m井架在井架两段连接处),将安全带保险绳绕过井架拉筋扣好。先把小滑车固定在井架连接处的横梁上。根据需要调整小滑轮位置使其在横梁的左侧或右侧,不能将其固定在横梁中间。再将钢丝绳从小滑轮穿过,钢丝绳一端从井架后穿过,另一端从井架前方顺至井口,钢丝绳一端用与钢丝绳匹配的两个绳卡子与液压钳吊筒连接。另一端固定在作业机绞车上。

（2）专人指挥操作绞车,吊装钳体至井口上方适当位置,将钳体推向井口,看钳体是否平正,如不平调整液压钳调平机构的前、后螺钉使之平正。将一段直径不小于13mm的钢丝绳一端穿过钳体尾部的尾绳螺栓,用两个绳卡卡紧,另一端绕过井架左侧(或右侧),用两个钢丝绳卡卡紧。保证液压钳能自由拉向井口,不影响正常工作,尾绳与尾绳环高度齐平,尾绳不能过长,以液压钳咬住油管尾绳绷直为宜。检查、清洗两条液压管线的接头,按进出循环回路,将通井机上的液压泵与液压油管钳连接牢固。结合作业机与齿轮泵的挂合,将液压钳上卸扣旋钮调至(上)卸扣方向,将变速挡手柄向上扳到低速挡(向下高速挡)位置,推(拉)操作杆,检查液压钳是否运转正常。

14. 接洗井地面管线

（1）洗井管线连接必须用钢制管线,进口装好单流阀,管线长度应大于20m。

（2）检查管线是否畅通，螺纹是否完好，检查活动弯头、活接头是否完好灵活，检查大锤手柄是否牢固可靠。确定管线走向、布局合理。将管线一字摆开，首尾相接，接箍端朝井口。将活接头卡在油（套）管闸门上，与进口管线连接起来。并用大锤将活接头从井口向水泥车方向砸紧，保证已砸紧的活接头不卸扣（水泥车上一般为带套活接头）。砸管线时注意观察周围人员，避免造成伤害。

（3）出口进干线或和回收罐相连，出口管线不准有小于90°的急弯，并要求固定牢靠。同时严禁进、出口管线在同一方位，必须在井口的两侧。

（4）用油管支架将管线悬空部分架好。

六、反洗井

（1）施工车辆进入施工现场要有专人指挥车辆摆放位置合理，并带好防火帽，接管线前车辆要停稳、熄火、拉紧手制动。

（2）将水泥车与井口管线连接并用大锤砸紧，地面管线试压至设计施工泵压的 1.5 倍，经5min 后不刺不漏为合格。

（3）井口操作人员侧身打开套管闸门打入洗井工作液。洗井时有专人观察泵压变化，泵压不能超过油层吸水启动压力。排量由小到大，压力正常后逐渐加大排量，排量一般控制在$0.3 \sim 0.5 m^3 / min$，将设计用量的洗井工作液全部打入井内。

（4）热洗应保证水质清洁，水量不低于井筒容积的 2 倍，水温不低于70℃。洗井过程中，随时观察并记录泵压、排量、出口排量及漏失量等数据。泵压升高洗井不通时，应停泵及时分析原因后进行处理，不得强行憋泵。

（5）严重漏失井采取有效堵漏措施后，再进行洗井施工。

（6）洗井施工期间操作人员不得跨越管线，打高压时远离管线，进入安全区域。

（7）洗井结束后关闭套管和生产闸门，管线放空后拆卸管线。稳压 30min，平衡井内压力。侧身打开油套管闸门，无溢流或溢流量小，关闭油套管闸门，准备起抽油杆。

七、起原井抽油杆、油管

1. 起抽油杆

（1）各岗位进行起抽油杆前检查，井架基础坚实、井架无变形、开焊等状况。地锚坚固无松动，绷绳受力均匀，无打结、断股，每扭矩断丝不超过 5 丝，绷绳端卡子紧固。大绳无压扁、松股、扭折、硬弯，每扭矩断丝不超过 5 丝。游动滑车、天车、滑轮转动灵活、护罩完好。大钩弹簧、保险销完好、转动灵活、耳环螺栓应紧固。抽油杆吊钩保险销灵活好用、应使用直径不小于16mm 的钢丝绳，卡 4 个绳卡。吊卡本体无变形、腐蚀、裂纹，灵活好用。背钳无裂纹弯曲，尾绳无断丝固定牢靠，松紧度合适。抽油杆防喷器有检验合格证，开关灵活，保持在呈全开状态。设备运转系统正常、刹车灵活可靠。拉力表灵敏完好。操作人员选择和清理好逃生通道。

（2）倒好井口流程，调整好该井掺水循环，将该井生产改为小循环，确认井口总闸门处于全开状态，打开油套闸门放出内腔余压。

（3）先在距光杆端头 10 ~ 15cm 处卡紧方卡子，把抽油杆吊卡扣在方卡子下方，把抽油杆吊钩的绳套挂在大钩内，锁紧保险销，缓慢上提。一人扶住吊钩打开保险销，一人将抽油杆吊卡的吊环放入小钩内,锁紧保险销。撤离井口,派专人观察拉力表、绷绳、地锚、井架基础。指挥司机缓慢上提 10 ~ 15cm,待坐在防喷盒上的方卡子解除负荷后,操作人员上前卸掉方卡子,指挥司机缓慢下放光杆探泵底,核实油管是否断脱,如油管断脱则采取同步起管杆的方法,防止起抽油杆时挂掉防磨装置导致打捞油管难度的增加。

(4)光杆探完泵底后,摘掉抽油杆吊卡,卸掉防掉帽、方卡子放到工具架上。卸开光杆密封器防喷盒上的压盖,取出其中的上压帽、胶皮密封圈及下压帽,放到工具架上,旋开光杆密封器上的螺纹,将光杆密封器及胶皮闸门从光杆上抬出,放置在工具架上,并将把下压帽、胶皮密封圈、上压帽压盖按次序装好。

(5)用绳套将抽油杆防喷器拴牢平稳吊起,吊至光杆上方对中光杆缓慢下放平稳通过光杆,与井口连接紧。

(6)上紧防掉帽,在距光杆端头 10 ~ 15cm 处卡紧方卡子,扣好吊卡,挂入吊钩。专人观察拉力表、地锚、井架基础,其余操作人员撤离到安全区。指挥司机缓慢上提光杆,装有脱接器的井,保证脱接器顺利脱开。上提抽油杆柱遇阻时,不能盲目硬拔,查明原因制定措施后,采取相应的措施再进行处理。

(7)脱接器脱卡后,上提光杆至接箍下端能坐上吊卡时停止上提,用抽油杆吊卡卡住下面的抽油杆,卡牢抽油杆后,下放使光杆坐在吊卡上。操作人员调整好背钳和管钳开口,一人将背钳按逆时针卸扣方向打在井内抽油杆接头四棱处,一人右手手心朝上握住管钳柄前端,左手手心朝下握住管钳柄尾端,左腿在前支撑身体重心,右腿在后,防止后倒,身体略前倾,将卸扣管钳咬住抽油杆接头四棱处,左手微下压同时右手滑至左手处,平稳向后用力,待背钳受力后加力卸松抽油杆扣,后撤超出管钳长度位置,微弯腰,两腿分开,左胳膊抬起高于管钳高度,右手背后或放在腹部,左手微向下压管钳同时匀速将管钳推向另一人。另一人与对方保持相同姿势,接管钳时伸出左手拇指向下,手掌微向上抬起,接住管钳后微压匀速送出,如此循环卸扣。直至将扣完全卸开摘下管钳、背钳,指挥司机缓慢提出光杆,由井口人员将光杆送到拉杆人员手中,指挥司机平稳下放,井口人员后撤一步并随着游动系统方向注意观察。

(8)拉送抽油杆人员握住光杆后端随时注意并观察游动系统和井口状况,用与光杆下行的速度平稳将光杆拉到杆桥上。

(9)待光杆落至井口上方时,一人伸手拉住吊卡吊环两侧防止磕碰井口。待光杆落在桥枕上,一人扶住吊钩打开保险销,顺着向下的惯性拉动吊钩一人摘下抽油杆吊卡的吊环。将井口抽油杆吊卡的吊环挂入吊钩锁好保险销,后撤一步,随着游动系统方向观察,待下一根抽油杆接箍提出井口,用抽油杆吊卡卡住下面的抽油杆,下放使抽油杆坐在吊卡上。按上述操作直至起出全部抽油杆。

(10)用钢丝绳套拴牢抽油杆防喷器,将绳套挂入抽油杆吊钩内,卸掉防喷器,吊至地面,清理干净放置在工具房内。

(11)施工人员各负其责,紧密配合,服从指挥。起杆时带出的液体及时进罐回收。起抽油杆过程中注意随时检查抽油杆吊卡、吊钩、管钳、背钳是否安全好用。随时观察油套管溢流情况,发现有溢流立即关防喷器。观察修井机、井架、绷绳和游动系统的运转情况,发现问题立即停止施工,采取相应的处理措施。

(12)起出的抽油杆每 10 根一组排列整齐,悬空端长度不得大于 1m。检查抽油杆及井下工具,杆上面严禁摆放工用具和人员走动。

(13)五级风以上、雷雨天、雾大视线不清天气时禁止作业。

2. 拆井口

(1)准备大锤、死扳手、钢丝绳套,检查完好。确认井口流程正常。将油套管闸门打开泄压。

(2)操作人员用大锤、死扳手将井口螺丝砸松,卸掉螺丝,砸螺丝时搭背帽人员侧身将扳手水平卡住螺母握紧,操作大锤人员左腿在前,右腿在后身体略弯,左手握住大锤柄尾端约1/3处,右手握住尾部,看准敲击点用力砸击死扳手直至砸松,锤击时要握紧大锤,锤的运动轨迹范围内不能站人。用套筒扳手卸松生产闸门处的卡箍片螺丝,再用活动扳手卸掉螺母,拆掉油管生产闸门处的卡箍,放置在工具架上。用钢丝绳套拴牢井口,拴好牵引绳,指挥司机下放滑车,将绳套挂在滑车大钩内锁好保险销,转动井口使两个卡片错开,取出钢圈放置在工具架上。由专人扶住井口,防止刮碰流程,指挥司机缓慢上提,采油树吊离井口后井口操作人员撤离井口,继续上提至合适高度,指挥司机缓慢下放。同时操作人员拉住牵引绳将采油树平稳拉至远离井口,并且不妨碍逃生通道处,检查井口闸门是否呈全开状态。取出四通法兰面上的钢圈,检查清理干净放在工具架上。

3. 安装防喷器

(1)按施工设计要求选择合适压力等级的防喷器及与井内管柱尺寸匹配的旋塞阀。检查防喷器、旋塞阀合格证,开关灵活,呈全开状态。将旋塞阀及其扳手放置在距井口2m内的工具架上。

(2)将井口四通及防喷器的钢圈槽清理干净,并涂抹黄油,将完好的钢圈放入钢圈槽内。

(3)用绳套将防喷器拴牢,拴好牵引绳。拉住牵引绳将防喷器平稳吊起到井口四通上方,扶正防喷器缓慢下放坐在四通上,拆掉牵引绳。转动防喷器确认钢圈入槽、上下螺孔对正,防喷器摆放方向便于施工与开关,上全连接螺栓,对角上紧后摘下绳套。

(4)防喷器安装后,应保证防喷器的通径中心与天车、游动滑车在同一垂线上,垂直偏差不得超过10mm。

(5)防喷器连接后,进行压力试验,检查连接部位密封性。进行关闭和打开闸板的操作,检查丝杠和闸板灵活程度,开关无卡阻,丝杠闸板灵活可靠方可使用。

4. 试提、倒出油管头

(1)各岗位应进行安全巡回检查,井架基础是否坚实、井架无变形、开焊等现象。绷绳受力均匀,无打结、断股,每扭矩断丝不超过5丝,绷绳端卡子紧固。地锚坚固无松动,大绳无压扁、松股、扭折、硬弯,每扭矩断丝不超过5丝。游动滑车、天车、滑轮转动灵活、护罩完好。大钩弹簧、保险销完好、转动灵活、耳环螺栓应紧固有保险销。吊环无变形、腐蚀及磨损,吊卡本体无变形、腐蚀、裂纹,月牙、手柄灵活可靠。吊卡销子应使用磁性或卡环防震脱吊卡销子,并拴牢保险绳。液压钳配件完整灵活、悬吊牢靠,吊绳、尾绳无断丝固定牢靠,松紧度合适。背钳无裂纹弯曲,尾绳无断丝固定牢靠,松紧度合适。设备运转系统正常、刹车灵活可靠。拉力表灵敏完好。提升短节本体、螺纹完好,操作人员选择和清理好逃生通道。

(2)拆掉大钩耳环螺栓上的保险销,卸掉螺母,抽出螺栓,装入吊环,再将螺栓穿入耳环,上紧螺母插好保险销。确认井口流程循环正常,套管闸门处于全开状态。将提升短节与油管头对正扣用手上不动时,用管钳上紧。侧身用扳手将 4 条顶丝松到位。

(3)将吊卡放在提升短节上,合上月牙,锁好手柄销,指挥司机下放滑车将吊环挂入吊卡,插好吊卡销子,操作人员撤离井口。

(4)专人观察后绷绳、地锚桩、井架基础,专人指挥作业机司机缓慢上提,观察拉力表读数。悬重不超过井内管柱悬重 200kN。

(5)油管头平稳提出防喷器后,在井内第一根油管接箍下方扣好吊卡,合上月牙锁好手柄销。下放管柱坐在吊卡上,调整好背钳、管钳,把背钳按顺时针方向搭在油管接箍上,一人右手手心朝上握住管钳柄前端,左手手心朝下握住管钳柄尾端,左腿在前支撑重心,右腿在后,防止后倒,身体略前倾,将卸扣管钳咬住油管挂,左手微下压同时右手滑至左手处,平稳向后用力,待背钳受力后加力卸松油管挂,如此反复将扣完全卸松。后撤超出管钳长度位置,微弯腰,两腿分开,左胳膊抬起高于管钳高度,右手背后或放在腹部,左手微向下压管钳同时匀速将管钳推向另一人。另一人与对方保持相同姿势,接管钳时伸出左手拇指向下,手掌微向上抬起,接住管钳后微压匀速送出,如此循环卸扣。扣要卸掉时可摘下管钳两人用手握住提升短节搓动将扣完全卸开后,两人用手卸掉油管头抬下,并检查油管头是否完好,放在工具架上。

5. 装防喷器简易自封

(1)先吊起一根油管,把检查合格的防喷器自封胶皮芯子和压盖抬到井口油管接箍上坐好,用手扶正,将油管慢慢地坐入自封芯子中,将手撤回。

(2)搭好背钳,用另一把上扣管钳打在自封压盖上方油管的 10cm 左右处,下压管钳边转油管,边使油管通过自封胶皮芯子与下面油管接箍内螺纹对正上紧。

(3)两人抬起自封检查油管螺纹是否上紧。

(4)上提油管,摘掉吊卡,将防喷器上法兰钢圈槽擦干净抹好黄油,慢慢下放油管使防喷器自封胶皮芯子下方的胶圈坐入防喷器上法兰钢圈槽内,将压盖放平正,上全连接螺栓,对角上紧。

6. 起油管

(1)井口操作人员双手握住吊环,同时侧身将吊环挂入吊卡两个耳朵内,插好吊卡销子,后撤一步随着游动系统方向观察。指挥司机缓慢平稳上提油管,待露出第二根油管接箍,下端能坐入吊卡时停止,井口操作人员分别握住吊卡两个耳朵抬起吊卡,扣在接箍下端,合上吊卡月牙,锁好手柄销。转动吊卡使月牙朝向拉管操作人员,缓慢下放,将油管坐在吊卡上。

(2)将背钳按顺时针方向搭在油管接箍上。结合作业机与齿轮泵的挂合,将液压钳上卸扣旋钮调至卸扣方向。将变速挡手柄扳到低速挡位置,两手分别握住液压钳侧面的把手,将钳体开口推拉向井口油管,油管进入开口腔内,操作人员一只手稳住钳头,另一只手轻拉操作杆使背钳初步卡紧接箍,尾绳受力,再将操作杆拉到最大位置,开始卸扣。扣卸松 1~2 圈后操作杆回中位,再挂高速挡卸扣。卸扣过程中操作人员手一定要始终握住操作杆,不能让操作杆向中间位置回动,操作工程中禁止用手触摸运动部件,如发生故障,应停泵检修。卸扣时要将扣完全卸开,防止崩扣伤人。液压钳操作手当感觉到轻微跳扣震动时,证明卸扣完毕,及时挂低速挡再将操纵杆推到相反最大位置,使开口齿轮正转,当开口齿轮,壳体缺口复位,立即松开拉杆,使操作杆回到中位。用手推动钳体尾部的侧面把手,将钳体开口从油管本体退出,摘掉背钳。操作液压钳时尾绳两侧严禁站人,严禁两个人同时操作液压钳。

(3)指挥司机平稳上提油管直至油管下部外螺纹与接箍分离,井口操作人员将油管送到拉油管人员手中,同时后撤一步随着游动系统方向观察。司机缓慢下放油管,拉送油管人员将油管外螺纹放到小滑车上,用管钳拉动油管与下放油管速度保持一致使小滑车向后滑行。拉送油管人员应站在油管外侧,同时观察游动系统运转的方向,拉油管姿势要正确,双手一正一反握住管钳,两腿前后分开平稳向后移动。

(4)油管下放至井口上方时,井口操作人员上前抓住吊环防止磕碰井口。油管下放到桥枕后,刹住刹车。井口操作人员上前拔出吊卡销子,同时双手将两只吊环从吊卡的两个耳朵内拉出。司机缓慢上提滑车,井口操作人员同时侧身,双手将吊环挂入吊卡两双耳内,插上销子并锁紧。后撤一步随着游动系统方向观察。待井口操作人员将吊卡抬至井口后,拉送油管人员先将起出油管从小滑车上抬至油管桥上,接管人员再将油管内螺纹端从桥枕抬至油管桥上,两人同时推动油管排放整齐。拉送油管人员将小滑车推至油管滑道前端。

(5)重复以上操作,直至起出全部油管。起泵前及时将自封倒出,起出泵、井下工具及尾管。卸尾管时注意防止尾管内存有压力要侧身或在液压钳操作杆上拴牵引绳操作。在防喷器内投入全封棒,关闭防喷器及套管闸门。

(6)起出的油管每10根一组排列整齐,检查管柱及井下工具做好记录。油管上面禁止放任何物件、摆放工具和行走。

(7)起管时随时观察油套管溢流,有井涌现象立即关防喷器、装好油管旋塞阀后关闭套管闸门。并及时将油管内流出的液体进罐回收,不能乱排乱放。

(8)施工人员各负其责,紧密配合,服从指挥。起油管过程中注意随时检查手柄销子、月牙、背钳是否安全好用,严禁挂单吊环。随时观察修井机、井架、绷绳和游动系统的运转情况,发现问题立即停止施工,分析原因,采取相应措施处理后再继续施工。

(9)五级风以上、雷雨天、雾大视线不清天气时禁止作业。

八、配管柱

1. 刺洗检查油管抽油杆

用蒸汽刺洗油管时注意先检查蒸汽管线各部位连接情况要保证不刺不漏,防止烫伤。油管螺纹完好,内外壁清洁,接箍、油管无裂痕,无孔洞,无弯曲,管内无脏物。油管自然平行度和内径椭圆度能通过内径规。($\phi62mm$ 油管用 $\phi59mm \times 800mm$ 的内径规;$\phi76mm$ 油管用 $\phi73mm \times 800mm$ 的内径规)刺洗抽油杆时要求丝扣完好,无弯曲,刺至本体清洁,无脏物。及时将刺洗掉的污油污水回收。

2. 丈量油管、抽油杆

(1)丈量油管(抽油杆)时,不得少于3人来操作,反复丈量3次。使用检测合格有效长度为15m以上的钢卷尺。一人将钢卷尺"0"刻度对准油管(抽油杆)接箍端面,另一人拉直钢卷尺至油管(抽油杆)螺纹根部(丈量新油管要让出根部的两到三扣),并读出油管(抽油杆)单根长度,第三人将油管(抽油杆)长度记录在油管(抽油杆)记录纸上。

(2)按每10根油管(抽油杆)一组的顺序依次累计各组油管(抽油杆)长度,在油管(抽油杆)记录纸上标出各组油管(抽油杆)的累计长度。三人三次丈量的管柱累计长度误差不大于0.02%。

(3)将丈量好的油管(抽油杆)整齐排列在油管(抽油杆)桥上,每10根一组,以井口方向按下井顺序排列。

3. 组配管柱结构

(1)将下井的抽油泵用桥座架起,摆放平稳,用手拉动活塞在衬套内运动自如,配合间隙松紧适宜,并有一定抽吸力,方可使用。

(2)组装泵时,活塞、脱接器及下井工具应保持清洁。管钳应打在泵的两头压紧接箍处,涂抹密封脂,依次将下井工具连紧。

(3)管柱结构应满足施工设计要求。下井管柱要有下井工具、管柱结构示意图,注明各种下井工具的名称、规范、型号、顺序及下井深度。

(4)管柱配好后要与出厂合格证、施工设计、油管记录对照,多余或换掉的油管、抽油杆去掉,摆放到其他地方,核实无差错方可下井。

(5)机械采油井管柱设计的泵挂深度和尾管完成深度组配。计算方法:

泵挂深度 = 油补距 + 油管挂长度 + 油管累计长度 + 泵筒吸入口以上长度

九、下完井管柱及抽油杆

1. 泵管柱

(1)各岗位应进行检查,井架基础、井架无变形等缺陷。绷绳受力均匀,无打结、断股,每扭矩断丝不超过5丝,绷绳端卡子紧固。地锚坚固无松动,大绳无压扁、松股、扭折、硬弯,每扭矩断丝不超过5丝。游动滑车、天车、滑轮转动灵活、护罩完好。大钩弹簧、保险销完好、转动灵活、耳环螺栓应紧固。吊环无变形、磨损及腐蚀,吊卡本体无变形、腐蚀、裂纹,月牙、手柄灵活可靠。液压钳配件完整灵活、悬吊牢靠,吊绳、尾绳无断丝固定牢靠,松紧度合适。背钳无裂纹弯曲,尾绳无断丝固定牢靠,松紧度合适。设备运转系统正常、刹车灵活可靠。指重表灵敏完好。操作人员选择和清理好逃生通道。

(2)侧身先打开套管闸门泄压,后开防喷器,取出全封棒。

(3)拉送油管人员先将欲下井第一根油管接箍端抬到油管桥枕上,再将油管尾端放在小滑车上。用管钳将油管推至井口操作人员方便扣吊卡处并与井口保持安全距离,井口操作人员同时握住吊卡两个耳朵抬起,将吊卡扣在油管接箍下端,合上月牙,锁紧手柄。翻转180°使月牙朝上。指挥司机下放游动滑车,井口操作人员同时握住吊环挂入吊卡的双耳内,插上吊卡销子锁紧,拉住吊环。指挥司机将油管平稳提起。待吊卡提过井口,井口操作人员松开吊环后撤一步随着游动系统方向观察。

(4)拉送油管人员必须站在油管桥外侧,油管吊起前用管钳拉住油管,防止吊起油管时油管前蹿刮井口。油管提离桥枕后用管钳拉住油管与油管上行保持同速前行,同时观察井口人员和游动系统运转的方向,平稳地将油管送至井口操作人员手中。将小滑车推回,待前方上管人员将欲下井第二根油管接箍端抬到油管桥枕上后,拉送油管人员将油管外螺纹放在小滑车上,并在外螺纹上涂好密封脂。

(5)井口操作人员接到油管后双手扶住油管对中井口,待油管尾部顺利通过四通及套管短节后松开油管,将另一只吊卡扣在欲下井的油管上,合上月牙,锁紧手柄后撤一步随着游动系统方向观察。

（6）待油管吊卡平稳坐在井口后，井口操作人员上前同时拔出销子，双手拉出吊环挂在欲下井油管另一只吊卡两个耳朵内，插好吊卡销子锁紧，指挥司机上提油管。

（7）井口操作人员接到第二根油管后将油管与井内油管对正，指挥司机下放油管将外螺纹坐入井内油管内螺纹内，搭好背钳，摘下固定液压钳挂钩，将液压钳上卸扣旋钮调至上扣方向，挂入高速挡按规定的扭矩将油管螺纹上满、旋紧，保证不渗、不漏、不脱扣。（推荐最佳上紧扭矩：钢级为 J-55 通称直径为 62mm 非加厚油管 1.45kN·m，钢级为 J-55 通称直径为 76mm 非加厚油管 2.04kN·m。）将液压钳挂入低速挡，把操纵杆拉到最大位置，使开口齿轮反转，当开口齿轮、壳体缺口复位时，退出，挂好挂钩固定。摘下背钳；摘掉井口吊卡，将油管平稳下入。如此反复操作下完尾管。

（8）抬泵时一定要轻抬轻放，操作人员将泵前端放置在油管桥枕上，筛管外螺纹放在小滑车上。井口操作人员将吊卡扣在泵头接箍下端或提升短节上，指挥司机平稳吊起。与井内油管连接时搭好背钳，调整好上扣管钳按顺时针方向搭在筛管上，管钳严禁搭在泵体上，旋转管钳将扣上紧，严禁用液压钳上扣。摘下背钳，摘掉井口吊卡，指挥司机平稳下放，泵入井时井口人员双手扶正泵体防止刮碰井口。下完泵后装好简易自封，关闭套管放空闸门，打开套管生产闸门，套管改生产，严禁放喷敞口下管柱。井内排出液体及时进罐回收。

（9）按下油管操作流程继续下油管，下至设计井深最后几根时，下放速度不超过 5m/min，防止因长度误差顿弯油管。

（10）油管下至最后一根时，侧身关上套管生产闸门，打开套管放空闸门，倒掉简易自封。将清洗干净检查完好的油管头抬至井口，将油管头下方外螺纹坐入井内油管内螺纹内，用手逆时针方向转 1~2 圈，对正扣后用手按顺时针方向上扣，上不动时，搭好背钳，最后用管钳上紧。把吊卡扣在提升短节上锁紧手柄，挂好吊环，指挥司机上提，摘掉油管头下面的吊卡，对好井口平稳坐入四通内，上紧 4 条顶丝。用管钳卸松提升短节后再用手卸掉，放置在工具架上。

（11）施工人员各负其责，紧密配合，服从指挥。下油管过程中注意随时检查手柄销子、月牙、背钳是否安全好用，随时观察修井机、井架、绷绳和游动系统的运转情况，发现问题立即停止施工，分析原因，采取相应处理措施后再继续施工。

（12）五级风以上、雷雨天、雾大视线不清天气时禁止作业。

2. 拆防喷器、装井口

（1）将防喷器螺丝对角砸松卸掉，将钢丝绳套拴牢在防喷器吊装环上，挂在大钩内锁紧保险销，拴好牵引绳。由专人扶住防喷器防止刮碰流程，指挥司机缓慢上提，防喷器吊离井口后，井口操作人员撤离井口，继续上提至合适高度，指挥司机缓慢下放。同时操作人员拉住牵引绳将防喷器平稳拉至地面，摘下绳套、牵引绳。清理干净后收回工具房。

（2）将井口、四通及卡片上的钢圈槽清理干净，涂上黄油，将检查合格的大小钢圈放入槽内，把钢丝绳套一端拴牢在采油树上，另一端挂在大钩内锁死，拉住牵引绳扶住采油树，防止刮碰井口流程，专人指挥司机平稳吊起采油树，将采油树大小钢圈槽清理干净，指挥司机缓慢下放同时用人扶正，坐在四通上转动井口确认钢圈入槽，对正油管生产闸门。用螺栓对角连紧四通与井口，上下法兰缝隙一致，螺栓上部统一留半扣，取下钢丝绳套。装正装平卡箍及卡箍螺丝，卡箍两边之间缝隙大小一致，螺帽上满平整。各闸门手轮方向应保持一致。

3. 安装光杆密封器

（1）卸开光杆密封器防喷盒上的压盖，取出上压帽、胶皮密封圈及下压帽，按次序排好。

（2）把新胶皮密封圈倾斜于平面用钢锯锯开一个切口。

（3）在从光杆没有接头的上端，依次穿入光杆密封器、下压帽、密封圈上压帽及压盖至光杆下端。

（4）把胶皮密封圈用手掰开装入上、下压帽之间，按要求装入一定量的密封圈，相邻的两个密封圈开口应朝不同方向上、下两块应避开切口位置，装入防喷盒内。

（5）把上压帽放入防喷盒内压住密封圈，上紧防喷盒上压盖，拧紧胶皮闸门两个手轮。

4. 下抽油杆

（1）各岗位进行安全巡回检查，井架基础坚实、井架无变形等缺陷、开焊等状况。绷绳受力均匀，无打结、断股，每扭矩断丝不超过 5 丝，绷绳端卡子紧固。地锚坚固无松动，大绳无压扁、松股、扭折、硬弯，每扭矩断丝不超过 5 丝。游动滑车、天车、滑轮转动灵活、护罩完好。大钩弹簧、保险销完好、转动灵活、耳环螺栓应紧固。抽油杆吊钩无伤痕、腐蚀、裂纹，保险销灵活好用，绳套符合要求。抽油杆吊卡本体无变形、磨损、腐蚀、裂纹，灵活。背钳无裂纹弯曲，尾绳无断丝固定牢靠。设备运转系统正常、刹车灵活可靠。拉力表完好。操作人员选择和清理好逃生通道。

（2）拆掉大钩耳环螺栓上的保险销，卸掉螺母，抽出螺栓，取出吊环，再将螺栓穿入耳环，上紧螺母插好保险销。将抽油杆吊钩挂在大钩内锁紧保险销，拉送抽油杆人员将欲下井第一根抽油杆前端放到桥枕上，井口操作人员把抽油杆吊卡卡在抽油杆上，检查吊卡是否锁牢抽油杆，下放吊钩，打开保险销，将抽油杆吊环放入吊钩内锁好保险销，手扶住抽油杆吊卡的吊环处，防止挂碰井口。指挥司机缓慢上提，待吊卡高于井口，松开抽油杆吊卡环，后撤一步，随着游动系统方向观察。

（3）拉送抽油杆人员将通道清理干净无障碍物，拉住抽油杆后端随时注意游动系统和井口动态，待抽油杆吊起后，用与抽油杆上行的速度平稳将抽油杆送至井口操作人员手中。

（4）井口操作人员扶住抽油杆对中井口，待活塞或脱接器顺利通过井口后，松开抽油杆，将另一只吊卡卡在欲下井的第二根抽油杆上，后撤一步，随着游动系统方向观察。

（5）司机平稳下放抽油杆，待抽油杆吊卡平稳坐在井口上，井口操作人员扶住吊钩打开保险销，拿出抽油杆吊卡环，下放吊钩，将另一只抽油杆吊卡的吊环放入吊钩内锁好保险销，指挥司机上提，高度以抽油杆下端接头对准井口抽油杆上接头为准。

（6）将第二根抽油杆下端接头与井口抽油杆上接头对接，将背钳按顺时针上扣方向背牢在井内抽油杆接头的四棱处，用管钳平稳旋转上满扣并按规定扭矩锁紧。指挥司机上提使井口吊卡解除负荷，井口操作人员一只手握住抽油杆吊卡环，另一只手捏下吊卡锁舌，并向外拉动吊卡，使其退出抽油杆，然后卡在下一根抽油杆上，拉动二次检查是否锁住抽油杆，后撤一步，随着游动系统方向观察。按上述操作方法下完抽油杆。

（7）在光杆上接头 10 ~ 15cm 处卡紧方卡子后上紧防脱帽。将光杆抬到桥枕上。

（8）井口操作人员将抽油杆吊卡扣在刚卡好的方卡子下面，指挥司机下放抽油杆吊钩，挂上抽油杆吊卡,指挥司机缓慢吊起,同时地面人员扶住光杆密封器,随着上行速度平稳送至井口人员手中。指挥司机下放光杆与井内抽油杆上接头对接并上紧,上提光杆取出抽油杆吊卡,下放光杆至胶皮闸门距井口 10～20cm 处时,停止下放,打开光杆密封器两侧手轮缓慢下放光杆,使活塞泵入泵筒。

(9)活塞坐进泵筒后,光杆伸入顶丝法兰以下长度不小于防冲距与最大冲程长度之和,光杆在防喷盒平面以上长度应在 1.2～1.5m 之间。将光杆密封器与井口对接后连紧,并保证其密封性。

(10)施工人员各负其责,紧密配合,服从指挥。下抽油杆过程中注意随时检查抽油杆吊卡、吊钩、管钳、背钳是否安全好用,随时观察修井机、井架、绷绳和游动系统的运转情况,发现问题立即停止施工,分析原因,采取措施后再施工。五级以上大风等恶劣天气时严禁施工。

十、释放洗井

(1)装有活堵的井,首先上提光杆,将柱塞提出泵筒,防止过高,接箍碰光杆密封器。接好释放管线,并试压合格。用水泥车将油管灌满清水正打压 10MPa,稳压 5min。打开活堵。

(2)装有其他井下内防喷工具的井,按照相关技术要求进行施工。

(3)倒好反洗井管线和流程,井口操作人员侧身打开套管闸门后打入洗井工作液。洗井时有专人观察泵压变化,泵压不能超过油层吸水启动压力。排量由小到大,压力正常后逐渐加大排量,排量一般控制在 0.3～0.5m³/min。

(4)热洗应保证水质清洁,水量不低于井筒容积的 2 倍,水温不低于70℃。洗井过程中,随时观察并记录泵压、排量。

(5)洗井施工期间操作人员不得跨越管线。洗井完毕后,关闭进口套管闸门,拆卸洗井管线,抬放到管爬犁上(抬至管爬犁合理摆放),其他配件回收至工具房内。

十一、调防冲距、装驴头及悬绳器

1. 调防冲距

(1)防冲距高度的确定:一般原则是 100m 泵挂深度其防冲距为 5～10cm,现场施工经验是:泵挂深度在 500m,防冲距约 30cm,泵挂深度 600～800m,防冲距约 50cm,泵挂深度 800～1000m,防冲距约 70cm。

(2)用通井机缓慢下放光杆,速度要缓慢,严禁猛放。当深井泵活塞与深井泵的固定阀接触时拉力表稍有显示即可,在光杆与防喷盒平齐位置打上记号。

(3)将光杆缓慢上提到规定的防冲距高度,在防喷盒上方卡好方卡子。卡方卡子时,方卡子与光杆接触部位要清理干净,严禁手抓光杆,方卡子牙面要朝上,卡反了会造成砸泵事故。

(4)利用提升设备缓慢试抽,试抽合格后下放光杆,将方卡子坐在防喷盒上。

(5)取下吊钩及抽油杆吊卡,卸掉上部方卡子。

2. 装驴头及悬绳器

(1)拆卸式驴头的安装。

① 确定操作指挥人员,确定各岗位之间配合。检查抽油机刹车,检查吊绳、安全带、携带

工具符合安全要求。

② 由专人合上电源开关,松开抽油机刹车,启动抽油机,抽油机曲柄旋转范围内严禁站人。使抽油机驴头处于下死点,刹死刹车,断开电源。并留一人在原地守护。

③ 将驴头用钢丝绳套固定牢靠,下放滑车,将绳套另一端挂在大钩内锁好保险销。在驴头上拴好牵引绳,指挥司机缓慢上提,将驴头摆正,同时地面人员拉住牵引绳,防止驴头挂碰井口和流程、光杆或游梁,吊装过程中井口严禁站人,待驴头吊至超过游梁高度时停车刹死刹车。

④ 上驴头前,清理好脚下异物,系好安全带,所用工具系好保险绳,平稳上到抽油机游梁上,固定好安全带及所带工具,抽油机下方严禁站人。操作人员双手扶住驴头两侧对中游梁,示意指挥人员下放滑车,指挥人员指挥司机平稳下放,将驴头放置在游梁上,地面人员向游梁内侧拉牵引绳,使驴头紧靠游梁,插上驴头安全销子,同时在销子上插上保险销。分别调整并顶紧两边的顶丝,使驴头对中井口,取下牵引绳。

⑤ 将毛辫子挂在大钩内与悬绳器一同吊起超过光杆高度,缓慢下放,井口操作人员扶住悬绳器将悬绳器平稳穿进光杆,在悬绳器下方卡上方卡子,指挥司机下放滑车使毛辫子解除负荷,操作人员将毛辫子从大钩内摘下挂到驴头上并固定牢固。卸松悬绳器下方的方卡子,在悬绳器下方10~20cm处卡紧防掉卡子。

⑥ 将工字架按顺序穿入光杆,带紧防掉帽,在工字架上方卡紧(1,2 个)方卡子。缓慢松抽油机刹车,使抽油机驴头承受负荷,待坐在抽油杆密封器上的方卡子上行10~20cm时刹死刹车,确认无问题后卸掉方卡子。

(2)侧翻式驴头的安装。

① 打开拴在游梁一端的牵引绳,地面人员拉住牵引绳朝支架梯子方向拉动驴头,拉正后穿入固定销子固定牢固,装好保险销。

② 启动抽油机,使驴头处于下死点,用绳套吊起悬绳器穿过光杆,将工字架按顺序装入光杆,带紧防吊帽,在工字架上方卡紧(1,2 个)方卡子,在悬绳器下放20~30cm处卡一个方卡子。

(3)上翻式驴头的安装。

在驴头上挂好专用绳套,用游动滑车将驴头缓慢复位并锁紧,按上述方法装好悬绳器。

十二、试抽、憋泵、收尾交井

1. 试抽、憋泵

(1)试抽、憋泵前通知采油队技术人员到现场。

(2)打开生产闸门,倒好井口流程,操作人员撤离井口和抽油机两侧,一人指挥,一人启动抽油机,启动前缓慢松开刹车,启动电源试抽二冲程,达到确定不碰泵、无活塞抽出泵工作筒显示、井口听不到刮总闸门等异常声响、光杆在抽油机驴头中心、不刮防喷盒、无卡泵及阻塞现象后,指挥停机,刹好刹车,断开电源。

(3)在井口油管闸门处装好试压装置和校验合格的压力表,一般选用 16MPa 的压力表(压力表的实际工作压力要在最大量程的 1/3~2/3 之间),表盘清洁处于便于观察的方向,

(4)操作人员侧身打开油管闸门,关闭生产闸门。井口一人指挥,其他人员撤离到安全区

域。一人启动抽油机,一人操作刹车,当油压升至 3~5MPa 时,断开抽油机电源刹死刹车。稳压 15min,压力下降小于 0.3MPa 为合格。采油队技术人员认可后签字。

(5)检查井口流程及循环是否正常,缓慢打开生产闸门泄压,关闭油管闸门,打开考克泄压螺钉泄压,卸掉压力表及试压装置。

2. 收尾交井

(1)检查是否摘下作业机与齿轮泵的挂合,油箱出油、回油阀门是否关闭。拆下高压胶管,盘卷好拆下的胶管,两端接头对接,装车或放置工具房摆放,拆下尾绳,操作绞车下放钳体至地面,拆掉连接浮筒钢丝绳及浮筒,收回工具房。上提大钩至井架小滑轮处,操作人员系好安全带,上至井架小滑轮处,拴好安全带,拆下固定滑轮的钢丝绳套挂在大钩内锁好保险销,下放大钩摘下绳套,拉出液压钳吊绳盘好收回。将液压钳清洗干净收回工具房。

(2)将游动滑车拉到地面并松开大绳,将拉力表平稳拉至地面,拆掉拉力表连接螺栓,装好专用接头,缓慢将游动滑车提起,卸下吊环收起。打开大钩保险销,两人扶住滑车双耳,将固定大钩的钢丝绳套放入大钩内锁好保险销,指挥司机缓慢上提,使各股大绳受力均匀,大钩脖子稍微伸出时停止,操作人员系好安全带,带好扳手,上至井架上(3~5m 高处)拴好安全带,用绳卡子将大绳活绳卡紧,下到地面。操作人员拉住活绳,指挥司机缓慢下放使快绳解除负荷,并缓慢匀速转动滚筒,操作人员拉住活绳将盘在滚筒上的大绳拉至地面后,刹死刹车,从滚筒外侧拉出活绳头,拆掉活绳头上的绳卡子。将大绳整齐地盘在井架上。

(3)起出的井下工具及抽油泵和多余杆、管摆放整齐,及时回收。将搭油管、抽油杆桥的油管抬至油管爬犁上摆放整齐,将油管、抽油杆桥座清理干净后收回工具房摆放整齐。

(4)井口设备流程与施工前保持一致或按设计执行。刺洗干净,保证齐全,井口螺丝紧固平齐无刺漏。

(5)井口防喷盒密封,抽油机悬绳器摆正,垂直不打扭。

(6)工具、配件清理干净后摆放在工具房内,池子清理干净,盛液容器放空排净。

(7)井场干净、平整及井场外围符合环保要求。

(8)倒好生产流程,启抽投产,与采油队进行交井。

十三、施工总结编写

1. 数据及内容

(1)基本数据。

套管规范、套管下入深度、人工井底、射孔井段、油层中部深度、射孔层位、原始压力、补心距、套补距、套管法兰短接长度、采油树型号。

(2)编写内容。

标准井号、施工目的、施工日期、完井管柱示意图、施工内容、备注说明、施工单位、填表人及审核人。

2. 编写要求

(1)整理班报、油管(抽油杆)柱记录,按工艺要求、工序先后顺序总结本次施工过程。做到日期、时间衔接准确无误。

（2）按总结表格内容项目进行填写。

（3）填写各项静态数据,应与设计一致,施工中出现补孔、更换井口等,射孔井段、油套补距发生变化,应以变化后录取数据为准。

（4）作业资料录取项目执行相关标准。

（5）井下管柱结构图与管（杆）记录一致,与设计相符。井下管柱结构及井下工具示意图执行相关标准。

（6）施工中遗留问题及井下技术状况,应在总结备注栏内标注清楚。

（7）施工总结中应注明上次管、杆下井日期及厂家。

（8）施工总结应注明抽油杆扶正器组装位置及、类型和厂家。

（9）施工总结应注明所有下井工具型号、厂家。

3. 报审期限

施工总结应在施工井完工 7 天内报施工单位技术部门审核,由技术部门上交或用微机网络传送到厂有关技术部门审核后上公司企业网。

第二节　井下工具

一、抽油泵

抽油泵是油田机械采油的主要工具之一,它是通过抽油机带动抽油杆、泵活塞做上下往复运动将地下的液体举升到地面,所以我们将抽油泵叫有杆抽油泵(简称抽油泵)。

1. 分类

抽油泵一般分为管式泵和杆式泵两类。管式泵包括衬套泵和整筒泵。杆式泵包括定筒式泵和动筒式泵。

抽油泵从用途上可分为常规泵和特种泵两类。常规泵即符合抽油泵标准设计制造的抽油泵。特种泵即具有专门用途和特殊性能或与标准结构尺寸不同的抽油泵,主要包括防砂泵、防气泵、串联泵、分抽混出泵和双作用泵等。以管式泵为例,介绍抽油泵相关情况。

2. 管式泵结构

（1）衬套泵的结构见图 2-1。

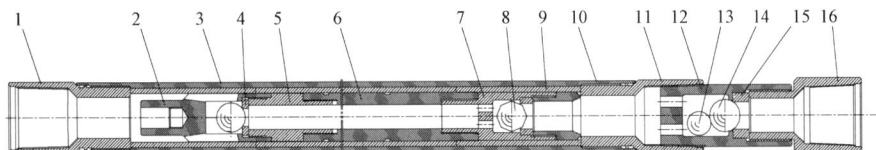

图 2-1　衬套泵

1—压紧接箍;2—上出油阀罩;3—出油阀球;4—阀座;5—上阀座接头;6—活塞;7—下出油阀罩;8—下出油阀接头;9—衬套;10—泵筒;11—泵筒接箍;12—进油阀罩;13—辅助阀球;14—进油阀球;15—进油阀座;16—进油阀座接头

（2）整筒泵的结构见图2-2。

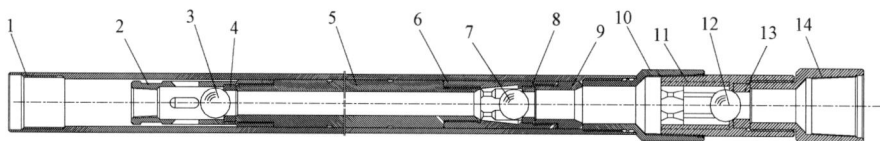

图2-2 整筒泵

1—泵筒;2—上游动阀罩;3—阀球;4—阀座;5—柱塞;6—下游动阀罩;7—下阀球;8—下阀座;
9—下阀座压帽;10—泵筒接箍;11—固定阀罩;12—固定阀球;13—固定阀座;14—固定阀座压帽

从衬套泵与整筒泵的结构上明显看到整筒泵比衬套泵结构简单，主要是减少了衬套等诸多零件，增强泵筒的稳定性，避免因震动、弯曲造成衬套错位发生卡泵的质量事故，同时还具有适用范围广、泵性强、冲程长、易维修等优点。所以目前全国各油田在机采中广泛使用整筒泵。

3. 工作原理

在抽油机的驱动下，抽油杆的带动下抽油泵的柱塞做上下往复运动。上冲程时，游动阀在活塞的上油管内液柱重力的作用下关闭，并举升上冲程这一距离的液体。与此同时，柱塞以下泵腔容积增大，压力降低，当压力低于地层压力时，液体顶开固定阀泵入活塞上冲程时所让出的空间。

下冲程时活塞以下泵腔容积减小，压力增大。当压力等于地层压力时，固定阀球依靠自重落下，阀关闭。活塞继续下行，压力随之继续增大，当压力大于活塞以上油管液柱重力时，游动阀打开，活塞以下这一冲程距离的液体泵入活塞以上泵腔内。如此反复交替运动将液体举升到地面。

4. 技术参数

整筒泵技术参数如表2-1至表2-3所示。

表2-1 整筒泵技术规范

直径（mm）		柱塞长度系列（m）	加长短接长度（m）	联接油管外径（mm）	柱塞冲程长度（m）	理论排量（m³/d）	联接抽油杆螺纹直径（mm）（SY5029—83）
Ⅰ系列	Ⅱ系列						
32	31.8	0.6		60.3	0.6~6	7~69	23.813
				73.0			
38	38.1	0.9	0.3	60.3	0.6~6	10~112	26.988
				73.0			
44	44.5			60.3	0.6~6	14~138	26.988
	44.2			73.0			
57	57.2	1.2	0.6	73.0	0.6~6	22~220	26.988
70	69.9			88.9	0.6~6	33~328	30.163
83	82.6			101.6	1.2~6	93~467	30.163
95	95.3			114.3	1.2~6	122~613	34.925

表 2 – 2 整筒泵金属柱塞与泵筒的配合间隙

间隙代号	泵筒内径及极限偏差	金属柱塞			泵筒与金属柱塞配合间隙范围
		直径(mm)	尺寸分挡	极限偏差(mm)	
1		$d^{-0.025}$	1		0.025 ~ 0.088
2		$d^{-0.050}$	2		0.050 ~ 0.113
3	$D^{+0.05}$	$d^{-0.075}$	3	$0^{-0.013}$	0.075 ~ 0.138
4		$d^{-0.100}$	4		0.100 ~ 0.163
5		$d^{-0.125}$	5		0.125 ~ 0.188

表 2 – 3 整筒泵的间隙漏失量(试验压力为 10MPa)

Ⅱ系列整筒泵(mm)	间隙代号				
	1	2	3	4	5
	最大间隙漏失量(m³/min)				
31.8	200	415	760	1245	1910
38.1	235	500	910	1495	2290
44.5	275	580	1060	1745	2670
45.2	280	570	1075	1770	2715
50.8	315	665	1210	1990	3050
57.2	355	745	1360	2240	3435
63.5	390	830	1510	2490	3810
69.9	550	1170	2140	3530	5410
82.6	650	1380	2530	4170	6390
95.3	950	1600	2920	4810	7380

5. 使用操作及注意事项

(1)抽油泵下井前应检查抽油泵的出厂标记和出厂合格证,认定该泵是否适用于此油井的需求。

(2)拉动柱塞,在泵筒的最大行程上往复拉动柱塞,应光滑均匀、无阻卡等现象,如果泵经长期存放,下井前应检查有没有损坏、锈蚀等现象。如发现问题,应处理后方能下井。

(3)连接部位的螺纹应检查是否拧紧、是否粘胶。

(4)下井的油管、抽油杆应清洗干净,必须无油泥、蜡、碎屑污垢等脏物。

(5)安装时要严格遵照下泵作业的要求,运送安全、装卡紧固,先下泵筒、后下柱塞,选定上下死点之间的冲程符合要求。

(6)下泵时应进行最终检查,以确信护帽、堵头及防护缠扎之物已全部拆除。

(7)抽油泵是配合较精密的井下设备,下井起吊操作时应加倍小心、谨慎,不能用管钳直接去钳夹泵筒,以免泵筒发生变形。

(8)下泵当中要使用抽油杆扶正器时,其最下面的扶正器安装位置应尽可能靠近抽油泵,以保证泵和油管的对中,从而减轻泵的磨损。

（9）进行下泵作业的井场，井口周围应保持清洁，以免砂石或异物在下泵过程中掉入井内，影响泵的正常工作。

（10）下井的泵快接近液面时，要放慢下井速度。

二、内防喷配套工具

目前大庆油田萨北开发区常用的抽油机井不压井内防喷配套工具主要有防喷脱接器、活堵、帽型活门及泵下开关等，分述如下。

1. 防喷脱接器

对于泵径大于 $\phi70mm$ 的抽油泵一般统称为大泵，该大泵由于柱塞直径大，不能通过 $\phi73mm$ 和 $\phi89mm$ 油管，所以需要配套工具。脱接器就是大泵配套的主要工具之一。

目前大庆油田萨北开发区使用的脱接器有两种：一种是常规脱接器。另一种是防喷脱接器；防喷脱接器是在常规脱接器基础上增加了防喷功能。

（1）用途。该防喷脱接器适用于井下压力大，需要压井的、泵径大于 $\phi70mm$ 的油井，具有防喷、对接、脱锁功能。

（2）防喷脱接器的结构见图 2 - 3。

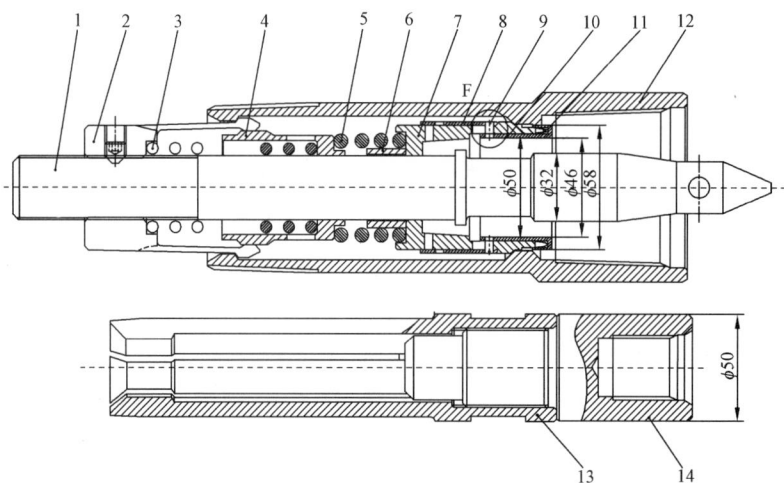

图 2 - 3 防喷脱接器

1—中心杆；2—卡爪；3—弹簧 A；4—支撑套；5—弹簧 B；6—保护套；7—锁套；8—防喷滑套；
9—传动销；10—传动套；11—波形弹簧；12—密封工作筒；13—对接爪；14—限位接头

（3）工作原理。

一次作业实现防喷、对接功能。作业施工时，脱接器中心杆上的锁套卡在工作筒的密封台阶处，卡件的卡爪卡在工作筒内下台阶上，锁套与卡件共同压缩弹簧 A 和弹簧 B，使限位套突起顶住卡件的卡爪，起到悬挂抽油泵活塞的作用，锁套密封端在弹簧的推力下与工作筒的密封台阶接触，起到密封油管防喷的作用。抽油泵下到井底后，将脱接器对接爪与抽油杆相连下入油管内，对接爪与中心杆对接头对接，在抽油杆的重力下继续压缩锁套下行，压缩弹簧迫使限位套下行，使卡件的卡爪与工作筒下台阶分离，打开油管内油流通道，实现正常抽油泵工作。

二次作业实现脱锁、防喷功能。需要二次作业检泵时,上提抽油杆,使脱卡器中心杆泵入脱卡器工作筒内,锁套卡在工作筒的密封台阶处,继续上提抽油杆,卡件的卡爪卡在工作筒内下台阶上,压缩弹簧A和弹簧B,使限位套突起顶住卡件的卡爪,对接爪与中心杆对接头分离,起出抽油杆。中心杆悬挂抽油泵活塞并密封油流通道,实现二次不压井作业。

(4)防喷脱接器主要技术参数见表2-4。

表2-4　防喷脱接器主要技术参数

工作温度	工作压力	对接力	脱锁力	拉伸屈服载荷
40~150℃	≥60MPa	1~3kN	4~6kN	≥300kN
许用载荷	通径	外径	工作频率	疲劳寿命
100kN	55mm	71mm	≤12Hz	1.5×10^6 次

(5)使用操作及注意事项:

① 下井前应检查脱接器型号规格是否适用于大泵管柱的需求。

② 安装时要严格遵照施工设计要求连接脱接器,上端连接抽油杆,下端连接抽油泵柱塞并悬挂在密封工作筒内下台阶上,下泵操作时严禁顿井口。

③ 管杆必须刺洗干净,防止脏物落入脱接器鱼顶,造成对接失败。

④ 操作对接过程中要缓慢下放杆柱,切忌猛砸。对接后下放使脱接器下移,油管通道打开,油井正常生产。

⑤ 二次作业时缓慢上提抽油杆即可达到释放、密封油管通道作用。切忌猛提,并注意观察指重表的读数。

(6)按工艺设计要求提好防冲距,严禁在抽油时脱接器上碰。

2. 活堵

(1)活堵的用途:活堵是密封油管、抽油泵内通道的防喷工具,用于下抽油泵时一次性不压井作业。

(2)活堵的结构见图2-4。

(3)活堵的工作原理:在下泵前,将活堵连接到固定阀底部,调节顶杆,使顶杆顶开固定阀球,活堵芯子密封泵筒及泵筒以上油管,可以顺利下完油管和抽油杆;下完后,地面打压8~12MPa,将销钉剪断活堵整开,活堵芯子和顶杆落入尾管中,泵就可以正常工作。

(4)活堵的主要技术参数见表2-5。

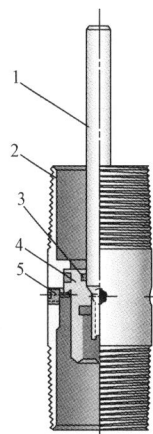

图2-4　活堵的结构
1—顶杆;2—主体;
3—"O"形密封圈;
4—活堵芯子;5—剪断销钉

表2-5　活堵主要技术参数

项目	参数
总长度(mm)	340
外径(mm)	$\phi73$
内径（mm）	$\phi50$

项目		参数
销钉剪断压力(MPa)		80 ~ 12
顶杆长度(mm)	$\phi44 ~ 57$mm 泵	225
	$\phi70$mm 泵	245
	$\phi83 ~ 95$mm 泵	260
连接螺纹(in)①		2⅞TBG 平式油管扣

①1 in = 2.45cm。

（5）活堵的操作及注意事项

① 连接前应检查活堵型号规格、顶杆长度是否适用于泵管柱的需求。

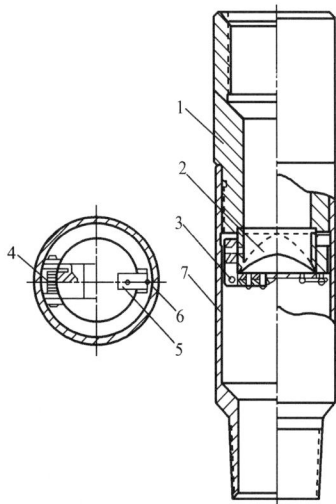

图 2－5 帽形活门结构

1—上接头；2—门板；3—销轴；
4—扭簧；5—锁片；6—小销钉；7—连接套

② 活堵的装法：调节活堵顶杆长度，使活堵壳体与泵体下部上满扣后，顶杆能把钢球顶离球座即可，一般顶离高度在 20mm 左右。调节好顶杆后，要把活堵顶杆泵入泵固定阀并与泵体连接。

③ 操作下泵过程中要缓慢下放管柱，切忌顿井口。

3. 帽型活门

（1）帽型活门的用途。帽型活门也是密封油管、抽油泵内通道的防喷工具，主要用于下抽油泵时一次性不压井作业。

（2）帽型活门的结构见图 2－5。

（3）工作原理。

下泵时把帽形活门置于关闭状态接在抽油泵的泵口上，可实现一次不压井作业施工。完井后，门板靠抽油杆自重迫使锁片与小销钉脱开，门板在弹簧反向扭力作用下启开，导通油流，油井即可投产。

（4）帽形活门的技术参数见表 2－6。

表 2－6 帽形活门的技术参数

项目	参数
总长度(mm)	340
外径(mm)	$\phi90,\phi114$(两种)
内径(mm)	$\phi57$
试验压力(MPa)	12
连接螺纹	2⅞TBG、3½TBG 平式油管扣

（5）操作及注意事项。

① 连接前应检查帽型活门型号规格是否适用于泵管柱的需求；门板、锁片和销钉是否处于关闭锁紧状态。

② 安装时要严格遵照施工设计要求将帽型活门连接在抽油泵的泵口上,并涂上螺纹油上紧。

③ 操作下泵过程中要缓慢下放管柱,切忌顿井口。

4. 井下开关

(1)井下开关的用途。用于抽油机井检下泵不压井作业。

(2)井下开关的结构见图2-6。

(3)井下开关的工作原理。泵下开关是把抽油泵的固定阀和井下开关集成为一体的井下开关工具。下泵时,把开关置于关闭状态接在抽油泵下端(此开关代替原泵固定阀工作)可实现一次不压井作业施工。下完抽油杆柱后用抽油泵的活塞下压泵下开关的卸压阀,在放掉固定阀与主阀体之间的压力的同时,压缩弹簧背压缩,迫使主阀体下行,主阀体上的滑轨钉在中心管上的滑道内换向,上提防冲距,主阀体在弹簧的作用下上行,滑轨钉由中心管上的滑道长槽泵入轨道短槽,开关背打开,油井即可生产。检泵时,下放光杆再上提,主阀体重复上述动作,滑轨钉由中心管上的滑道短槽泵入滑道的长槽,开关关闭,实现二次不压井作业施工。

(4)井下开关的技术参数见表2-7。

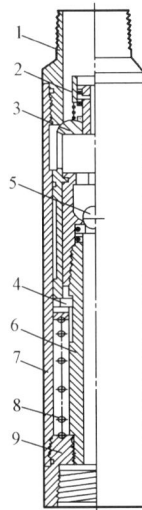

图 2-6　井下开关
1—上接头;2—卸压阀;3—主阀体;
4—滑轨钉;5—固定阀;6—中心管;
7—外套;8—弹簧;9—下接头

表 2-7　井下开关的技术参数

项目	参数
总长度(mm)	664
外径(mm)	$\phi 90$
固定阀直径(mm)	$\phi 30$
试验压力(MPa)	12
连接螺纹(in)	$2\frac{7}{8}$TBG,$3\frac{1}{2}$TBG 平式油管扣

(5)井下开关的操作及注意事项。

① 连接前应检查泵下开关型号规格,是否适用于泵管柱的需求。

② 安装时先将管式抽油泵的固定阀卸掉,再把开关置于关闭状态接在抽油泵下端并涂螺纹油上紧。

③ 操作下泵过程中要缓慢下放管柱,切忌顿井口。

④ 下完抽油杆柱后用抽油泵的活塞下压泵下开关的卸压阀,迫使主阀体下行、换向,上提防冲距,开关背打开,油井即可生产,可实现一次不压井作业施工。

⑤ 检泵时,下放光杆再上提,开关关闭,实现二次不压井作业施工。

三、防偏磨扶正工具

为减少管杆之间的偏磨,使用特殊耐磨材料或特殊结构而设计的专用工具。目前在大庆油田萨北开发区主要使用卡箍式、短接式和滚轮式扶正器,分述如下。

1. 卡箍式扶正器

（1）卡箍式扶正器的用途。卡箍式扶正器通常也叫扶正环,用于斜井、深抽油井的抽油杆扶正,减轻管、杆偏磨。

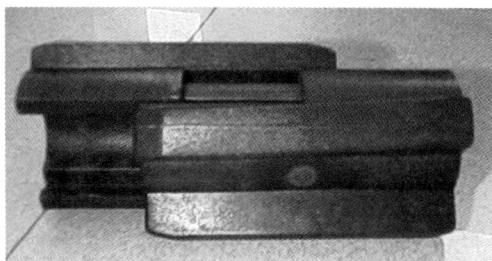

图2-7 卡箍式扶正器

（2）卡箍式扶正器的结构及工作原理:由两个相同的半圆柱体扶正块构成,外侧设有十字纵向筋,内侧槽面设有横向防位移筋,每个扶正块一端的两边沿设有一对称导轨,导轨外端部设有卡口,另一端的两边沿与加强筋结合部位上设有与导轨相匹配的凹槽,凹槽外端部的外侧边沿上设有与卡口相匹配的卡台(图2-7)。由于扶正器直径大于抽油杆接箍外径,所以当抽油杆带动紧配合的扶正器做上下移动时,就起到了扶正防偏磨的作用。

（3）卡箍式扶正器的技术规格见表2-8。

表2-8 卡箍式扶正器的技术规格

规格	长度×外径×内径 （mm×mm×mm）
$\phi 19mm$	120×58×19
$\phi 22mm$	120×58×22
$\phi 25mm$	120×72×25

（4）操作及注意事项。

① 抽油杆安装部位必须刺洗干净。

② 扶正器必须安装在抽油杆接箍以下20~25cm范围内,因为扶正器安装要避开打吊卡的位置,但如果离接箍太远,防偏磨效果不好。

③ 扶正器不能安装在下接头,如果安装在下接头上,由于下冲程时摩擦力向上,扶正器很容易窜动,失去保护接箍的作用。

④ 冬季要先用50℃的温热水浸泡5~10min后再安装,可以使安装较容易且减少损毁数量。

2. 短接式可旋转扶正器

（1）短接式可旋转扶正器的用途。具有扶正管杆偏磨的功能,又起到旋转磨损均匀的作用。

（2）短接式可旋转扶正器的结构及工作原理。由可旋转扶正器直接注塑在限位抽油杆短接杆体上制成,扶正器有4道支筋,支筋两侧热塑成圆弧(图2-8),圆弧面在油流冲击下可产生一定的旋转力。由于扶正器内径大于抽油杆外径1.5mm,外径比油管内径小4~8mm,当抽油杆带动扶正器做上下移动时,使扶正体旋转从而均匀磨损,以达到延长使用寿命的目的。

图 2 - 8 短接式可旋转扶正器

（3）短接式可旋转扶正器的技术规格见表 2 - 9。

表 2 - 9 短接式可旋转扶正器的技术规格

规格	长度 × 外径 × 内径 （mm × mm × mm）
φ19mm	85 × 58 × 20.5
φ22mm	85 × 58 × 23.5
φ25mm	85 × 68 × 26.5

（4）操作及注意事项。

① 短接式可旋转扶正器是直接注塑在限位抽油杆短接杆体中,窜动区间约 255mm,安装方法较容易（只连接抽油杆短接即可）。

② 下杆时到井口要求必须人工扶正或采用专用扶正装置扶正,不让扶正器与井口挂碰产生损伤。

③ 管、杆内外径必须刺洗干净。

3. 滚轮式扶正器

（1）滚轮式扶正器的用途。主要用于扶正、防偏磨,而且上下移动时,减轻对油管的摩擦阻力。

（2）滚轮式扶正器的结构及工作原理。主要由杆体、滚轮和销轴等组成。它是利用扶正体中心轴的转动把油管内壁与杆柱之间的滑动摩擦转变为滚动摩擦的一类扶正器。通过这种摩擦类型的转变达到减少管杆磨损的目的。

（3）滚轮式扶正器的技术参数见表 2 - 10。

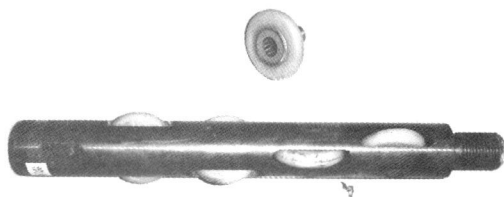

图 2 - 9 滚轮式扶正器

表 2-10 滚轮式扶正器的技术参数

规格	KGLF-16		KGLF-19		KGLF-22		KGLF-25	
最大外径(mm)	58	70	58	70	58	70	58	70
适用油管(in)	2⅞	3½	2⅞	3½	2⅞	3½	2⅞	3½
总长度(mm)	400	430	400	430	400	430	400	430
重量(kg)	3.2	3.6	3.5	3.8	3.8	4.3	4.6	4.9
连接螺纹	PJG16		PJG19		PJG22		PJG25	
额定工作载荷(kN)	80		100		120		160	

(4)操作及注意事项。

① 下井前检查滚轮转动是否灵活好用,螺纹部位是否完好。

② 下杆时到井口要求人工扶正,不让扶正器与井口挂碰产生损伤。

③ 管、杆内外径必须刺洗干净。

第三节　抽油机检泵过程中易出现的问题及处理

一、试抽泵效不好

在抽油机井检泵施工中试抽憋泵时可能会出现泵效不好的情况,常见现象、原因及处理方法见表 2-11。

表 2-11 试油泵效不好的常见现象、原因及处理方法

序号	现象	原因分析	处理方法
1	上冲程起压,下冲程降压	固定阀漏失	(1)大排量反洗井。 (2)活塞提出泵筒正打压。 (3)如以上方法无效起出管柱检查
2	下冲程起压,上冲程降压	(1)活塞未进泵筒或只进一小部分。 (2)装有脱接器的井脱接器未对接上。 (3)游动阀漏失。 (4)抽油杆断脱	(1)重新探底核实泵底。 (2)重新对接脱接器,对接时可转动方向。 (3)大排量反洗井。 (4)抽油杆对扣。 (5)如以上方法无效起出管柱检查
3	试抽憋泵稳不住压力	(1)流程闸门不严。 (2)油管头或密封圈坏,偏心井口弹子盘坏。 (3)油管丝扣漏失或油管有砂眼	(1)检查流程闸门关严。 (2)更换油管头、密封圈或弹子盘。 (3)起出泵管柱检查螺纹及油管,涂好密封胶重新下泵管柱

续表

序号	现象	原因分析	处理方法
4	试抽无泵效	(1)油管、抽油杆断或脱。 (2)脱接器未对接上。 (3)油管螺纹漏失严重或本体有裂缝、孔洞。 (4)活塞未提出泵筒释放或打入压力不够致使活堵未开。 (5)套管弯曲,活塞未泵入泵筒。 (6)生产闸门未关,憋泵装置闸门未打开	(1)核实管柱深度,重新对接脱卡器。 (2)起出管柱检查更换。 (3)将活塞提出泵筒,重新按规定压力释放活堵。 (4)核实后请示调整泵挂深度。 (5)关闭生产闸门,打开憋泵装置闸门。 (6)以上方法无效起出管柱检查

二、管柱下井过程中遇阻的原因及处理

(1)如管柱缓慢下行后不动,可能是蜡阻。如果突然遇阻上提无夹持力,井又无溢流,如压井可能是泥浆帽或者是蜡帽。根据管柱性质直接洗井或起出下刮蜡管柱。

(2)如管柱下行过程中突然遇阻,缓慢上提下放或转动无效,而且上提时有轻微的夹持力,分析有可能是套管变形。起出打印或测井落实套管技术状况。

(3)下大直径工具在井口遇阻,起出核实遇阻深度,检查工具表面是否有痕迹,判断是否是套管短节处卷边或变形,检查套管短节内径与下井工具的外径是否匹配,如有问题可换短节,如轻微卷边或变形,可下适合的中间胀管器进行挤胀。

(4)带有封隔器的管柱遇阻,起出后检查封隔器是否坐封。

(5)刮蜡、通井管柱遇阻,洗井无效后起出如无变形、划痕,应更换小一级工具。

三、起下抽油杆易出现问题及处理

(1)多年堵死的井反复解堵或解不通,在起抽油杆时出现拔不动或者起抽油杆时有一段一段放炮现象。此时应低速挡慢提抽油杆,做好环保措施。起的过程中井口人员挂完抽油杆吊卡后离开井口。如果拔不动,采用倒扣的方法起抽油杆。

(2)起抽油杆时负荷大,并且提不动,可能有以下几种原因:一是泵衬套乱或砂子卡住活塞,二是装有脱接器的井光杆提出一部分后遇卡,可能是脱接器未脱卡;三是起抽油杆时负荷大,但能缓慢提起,下放时能缓慢下行或不能下行,可能是蜡卡。四是抽油杆扶正器磨损严重掉落在油管内卡住抽油杆。处理方法:首先大排量反洗井,在抽油杆负荷允许情况下上下反复活动抽油杆,如果无效,采取倒扣方法起出。

(3)下杆时抽油杆缓慢下行后不动,上提时无夹持力,可能是油管内有死油死蜡,如果该井有循环通道,可大排量反洗井。如无循环通道可向油管内灌入热水,并且缓慢上提下放或转动抽油杆,如无效,起出检查。下抽油杆时突然遇阻,缓慢上提下放或转动抽油杆无效,可能是油管内有异物或油管有弯曲变形。应起出管柱检查。

四、卡泵处理

卡泵是试抽或者正常起抽生产时比较常见的现象,原因有蜡卡、砂卡、稠油卡或钻井液卡(压井钻井液没替干净)。处理方法,边洗井边活动,关出液口闸门憋泵方法反复多次起抽。

如洗井、活动、憋压及边洗边活动都不能顺利起抽,可能就是泵在井下弯曲或衬套错位。处理方法;上提两根油管试抽,如还卡泵那就是衬套错位,只有起出管柱换泵。

五、管杆同步起

管杆同步起是指利用专用工具将井下对应的油管及抽油杆一同起出的方法。

1. 专用工具

管杆同步起的专用工具是管杆同步起补偿器。管杆同步起补偿器专用于管杆同步起,可随操作中的具体需要调节长度,由抽油杆吊篮、轴承、调节链和调节装置组成。

2. 管杆同步起的应用范围

在进行抽油机井检泵作业时,有时会遇到用光杆探泵底时未探到泵底,洗井时泵压过低、出口很快返出洗井液及正打压不起压的情况,这表明该井油管断脱。如果该井抽油杆加有扶正器,按正常方式起抽油杆就会将断脱油管以下抽油杆上的扶正器挂落到井内落到鱼顶上,给下步打捞增加了难度。为防止起抽油杆时抽油杆扶正器挂落造成井下事故,这时就要采取油管抽油杆同步起的方法。

3. 管杆同步起的步骤

(1)按要求检查油管吊卡、抽油杆吊卡、吊环、大钩、大绳等游动系统、提升系统。

(2)检查管杆同步起补偿器,根据原井管杆记录,将管杆同步起补偿器的调节链长度调好,使其与井下第一根抽油杆长度之和大于井下第一根油管长度。

(3)将管杆同步起补偿器吊篮一端连接在井内抽油杆上,吊链另一端挂在大钩内,提起抽油杆,摘掉抽油杆吊卡。

(4)下放抽油杆使同步起补偿器上方圆盘不能坐在油管接箍上位置。挂好油管吊卡,起出第一根油管,坐好井口吊卡,卸掉油管提起,此时抽油杆接头露出,卸掉抽油杆,将油管与抽油杆一同拉至油管桥上,卸掉管杆同步起补偿器与抽油杆连接一端,把抽油杆从油管内拉出,排放在抽油杆桥上。

(5)按上述方法重复操作,直至起出断脱油管以上油管。在操作过程中要随时根据井下管杆的长度调节调节链的长度,保证施工顺利进行。在正常起出其余抽油杆后,进行下步措施施工。

六、解堵

1. 堵井的原因

油井在生产过程中,在油层高温高压条件下,蜡溶解在原油中。当原油流入井筒后,从井底上升到井口的过程中,压力和温度逐渐降低,蜡就从原油中析出,黏附在管壁上,使油井井筒结蜡。管理不善、加药或洗井不合理或长时间关井都可能造成结蜡,严重时会把井筒堵死。因此在作业洗井时就会常出现打压到一定压力后洗不通的情况,这时就需要解堵。

2. 解堵的步骤

(1)解堵时首先要保证地面管线连接紧固,做到不刺不漏,不能接软管线,管线能固定尽量固定牢固;出口不能进干线进罐,防止洗通后将死油洗进干线将干线堵死。

（2）选择好洗井设备 300 型水泥车一台,清水罐车一台,水温保持在 80℃。注意防止热水烫伤人。

（3）安装好适当压力级别的抽油杆防喷器,将抽油泵柱塞提出泵筒,关好防喷器,倒好反洗流程,管线试压 15MPa 没有渗漏,放空后打开套管闸门。

（4）有专人指挥观察压力,其他人员远离高压区域。解堵时水泥车要用低挡小排量,压力不能过高保持在 15MPa 以下,同时观察进出口情况。如有注入量继续保持压力保证水温平稳注入,直至压力有下降显示、出口见洗井液时可逐渐加大排量,直至解通再大排量洗井。切忌水泥车猛打快起压。

（5）如上述方法无效,可进行起抽油杆操作,如在起的过程中发现有溢流,可关好防喷器再接洗井。按解堵方法进行解堵,如不通接再起。起的过程中,可用作业机低速挡缓慢起抽油杆,操作人员在挂好吊卡后撤离井口。起抽油杆时要随时观察拉力表变化,随时观察井口,发现有溢流显示时,立即控制好井口进行洗井。抽油杆全部起出后再洗井解堵。

（6）抽油杆起出后洗井解堵无效时,请示有关部门后,可进行起油管操作。

（7）起管前将安装好合适压力级别的油管防喷器,如负荷不超过管柱允许最大载荷时,可缓慢用作业机低速挡起出油管,操作人员在挂好吊卡后撤离井口。起油管时要随时观察拉力表变化,随时观察井口,发现有溢流显示时,立即控制好井口进行洗井。

（8）如负荷超过管柱载荷时,可采用油管内下小直径管冲洗后,再进行反洗井。切忌大负荷起油管,容易造成其他井下事故。

（9）起出油管后,按套管刮蜡的方法除蜡后再进行下道工序。

第三章　电动潜油泵井作业

第一节　电动潜油泵井作业基本工序

一、编写施工设计

(1)施工设计是根据地质方案设计和工艺设计的要求而编制的。

(2)施工设计应注明油田名称、井号、井别、编写人、审核人、审批人、编写单位和日期,应提供明确的施工目的,有详细的基础数据和生产数据,提供目前井内管柱结构和下泵管柱示意图及下井工具名称、规范、深度,明确施工步骤及施工要求,提出施工中的安全注意事项及井控环保要求。

(3)施工设计应履行审批手续,有设计人、初审人、审批人签字。

(4)施工设计变更应编写补充设计,并履行审批手续。

二、施工现场勘察

(1)调查核实施工井所归属的采油厂、矿、队及方位、区域、井别、井号。

(2)调查通往井场的道路状况、距离、沿途道路上的障碍物,输电线路、通信线路、桥梁、涵洞的宽度、长度及承载能力。

(3)调查井场的使用有效面积(50m×50m),能否立井架、摆设油管、工具房、值班房、锅炉房、池子、污油水回收装置,车辆停放位置,井场土壤状况能否满足地锚承载的安全要求。

(4)调查该井是否在敏感区域。井场周围有无易燃易爆危险品,有无怕震动、怕噪音的民用设施。

(5)调查可向井场供电的电源、电压、供电距离、接电的方式等,井场有无易燃易爆的危险品。

(6)调查采油树型号及完好情况,井口装置能否与井控装置配套,地面流程情况,所属的计量间、井场设备及装置是否有碍于作业施工。

三、立放井架(固定式)

1. 打桩

(1)打桩车出车前按施工任务量及井架负荷选择符合标准的地锚桩装在车上,保证每口井具备前地锚桩、二道地锚桩、后地锚桩各2根。地锚应使用长度不小于1.8m,直径不小于73mm的石油钢管;螺旋地锚片应使用厚度不小于5mm,直径不小于250mm,长度不小于400mm的钢板。钢筋混凝土地锚的外形尺寸应为1000mm×1000mm×1300mm(长×宽×高)。

(2)根据井场环境,选好地锚桩的位置,地锚桩孔眼位置不得选在油井管线和电缆铺设的地方。同时,绷绳坑的位置应避开水坑、钻井液池等处,绷绳应距输电线 5m 以上。地锚桩施工尺寸要求:后地锚桩连线至井口距离 24m,前地锚桩连线至井口距离 22m,井架二腿中心至井口垂直距离 1.8m,二道地锚桩至后地锚桩连线距离 1m,二道地锚桩至后地锚桩距离 1.4m,后地锚桩之间距离 16m,前地锚桩之间距离 14m。以上地锚桩位置偏差不大于 0.5m。

(3)打桩时由专人指挥,专人操作。支好车尾部千斤顶,检查锤架上空有无障碍物,立起锤架,穿好固定销。操作手把滚筒上升起锤架的钢丝绳摘掉,使滚筒转动,吊起桩锤,刹紧滚筒后把锤固定销取掉。

(4)打桩时操作手与扶桩人员应当严密配合,不允许用手扶桩,要使用机械方式扶桩。桩锚扶正后,首先控制锤下落速度要慢,轻轻打压桩锚,当桩锚与地面垂直稳定后人立即离开,再加重打桩力度,打至地锚孔眼或环形挡板离地面 50 ~ 100mm 为止。

(5)利用滚筒刹车,轻轻放倒锤架,不得摔坏锤架。

(6)冬季地表冻层深达 300mm 以下时,要用蒸汽刺桩眼等措施后,再打桩。五级以上大风、雷雨天、雾天能见度较低时禁止打、拔桩。

2. 拔桩

(1)拔桩时,操作手注意观察空中、地面和全车工作情况,当有障碍物时要待排除后才能工作。

(2)支好车尾部千斤顶,拔桩人员把吊钩挂在地锚销上,操作手挂滚筒离合器,开始拔桩。

(3)拉紧钢丝绳,逐渐加大发动机油门。指挥人员随时注意千斤顶和插销有无打滑现象,若有立即示意停止拔桩,进行调整处理。

(4)地锚拔动后,缓慢减力直到拔出,放在车上,固定牢固。

3. 立井架

(1)立井架必须由专人指挥、专人操作、专人观察。车辆进入井场前检查是否有障碍物,如:高压线、通信线、落线架。井架运到井场后,找好井口对汽车中心线,平好井架基础。确保井架底基础最小压强为 0.15 ~ 0.2MPa,把车倒进井场,使汽车中心线与井口中心线重合,汽车在后轮中心距井口 7 ~ 8m 之间停稳,刹好车。

(2)启动油泵:先打开油箱,接通取力装置,使油泵运转正常。

(3)支好支腿千斤顶,将 4 个锁紧缸收回,松开井架。

(4)检查井架无开焊、断裂、缺件,无明显鸡胸、驼背等变形。检查井架各部件、天车、爬梯、护圈、基础销子等,使之处于完好状态。

(5)抬起起升架多路换向手柄,起升架慢慢升起,当井架随起升架升至 70°之前,为防止倒井架事故,必须按要求系好后绷绳,与地锚桩上的花兰螺丝联结,用与地锚绳直径相匹配的卡子卡紧,卡距 200 ~ 250mm。后头道地锚绳 3 个卡子,后二道和前道地锚绳 2 个卡子,地锚绳直径 16mm,要求无断股、断丝。

(6)继续升起井架,使井架基础坐在预先整理好的地面上,井口距井架两腿之间距离 180 ±5cm。

(7)继续升起起升架,绷绳岗人员压紧后绷绳,把起升架升至指定位置,使天车对井口位置偏差不大于 100mm,通过铅锤进行检验。

（8）将前绷绳固定在前地锚桩的花兰螺丝处，用绳卡子卡紧。

（9）固定好的井架应按标准安装好6根绷绳，井架后绷绳、前绷绳、二道绷绳各2根，后绷绳最小直径不小于16mm，前道绷绳、二道绷绳最小直径不小于13mm。前道绷绳、后二道绷绳各2个绳卡子，后头道绷绳3个绳卡子。绳卡子安装方向符合"U"形环卡在辅绳上的要求，卡距为绷绳直径的6～8倍，要求绷绳无断股、断丝、无接头、无硬弯打扭等，卡紧程度以钢丝绳变形1/3为准。花兰螺丝处的螺栓伸出长度在各部尺寸达到要求时不大于螺栓长度的1/2。

（10）缓慢回收起升架，收起千斤顶，分离动力，安全离开井场。

（11）井架位置应考虑到油管、电泵机组、电缆的摆放空间。

（12）夜间、五级风以上、雷雨天、下雪、雾天能见度较低时不得立井架。

4. 放井架

（1）放井架必须由专人指挥、专人操作、专人观察。利用载车的液压调整千斤顶和水平尺把载车与井口对中找平。

（2）按下多路换向阀，慢慢升起起升架，使锁销将井架锁紧。

（3）将前绷绳从地锚桩解开，慢慢收回起升架，观察井架是否接正，如发现异常应进行调整。

（4）基础离地的检查基础螺丝、井架销子，上提并锁紧井架，盘好绷绳。

（5）继续收回起升架，当起升架越过垂直角度时，切断动力，靠井架的自身重量使井架平放在载车的起升架上，收回液压千斤顶。

（6）夜间、五级风以上、雷雨天、下雪、雾天能见度较低时不得放井架。

（7）井架在运转过程中，要设有超高标志，注意瞭望，防止刮碰电线，车速不得超过40km/h。

四、搬家

（1）组织全班人员，在搬家过程中，必须听从现场指挥人员调动安排。

（2）吊装前检查值班房、工具房、污油回收装置、方铁池、油管爬犁的吊绳、保险销是否符合安全技术要求。吊装钢丝绳套无断丝、断股。保险销紧固无损伤。检查工具房、值班房门窗是否锁好。

（3）吊车就位后，四脚伸开支平牢固，吊装时吊杆悬臂工作范围内不许站人，被吊物体上、下严禁站人。

（4）操作人员在车辆停稳后方可上前操作，挂牢绳套，待操作人员手离开绳套，绳索受力后，操作人员离开吊装物，平稳起吊。指挥卡车就位，缓慢下放物体卸载，操作人员摘钩撤走后，方可指挥行车。

（5）搬家作业设备时要合理吊装，不挤压、不撞击，盛液容器必须放空排净。吊装用的钢丝绳必须满足承吊重物的安全载荷，提钩要挂牢，捆绑要结实。

（6）搬家车辆在行驶过程中要安全驾驶。

（7）作业机上拖板车有专人指挥，地面要平整坚实，道路两边无深沟等。

（8）搬家到井场后专人负责把值班房、工具房、锅炉房在距井口30m附近摆放成"—"形、"L"形、"U"形。锅炉房应就位在井口上风头，锅炉房与值班房应分开放置，其距离应大于4m

或按作业队实际要求摆放。方铁池就位在距井口 30m 以外便于车辆通行处,做到水平放置排列成行。污油回收装置就位在井口上风头 15m 附近。

(9)五级以上大风等恶劣天气禁止搬家。

五、施工准备

1. 交接井

(1)开工前,通知施工井所在采油队,约定时间到井上交接井并切断控制屏电源,从接线盒处将电缆断开。

(2)按规定进行交接,采油工详细介绍,作业工认真作好记录。交清地面流程、电路、流程保温、设备完好情况、井场情况及井场外围环保情况。交清井生产情况。对井口设备与井场设施逐点进行交接。

(3)由采油队负责倒好流程,施工过程中不能轻易改动,以保证施工完顺利投产。

(4)双方在现场认真填写油井作业施工交接书,经甲乙双方签字,一式两份,各持一份。

2. 井场用电

(1)井场电线用胶皮软线,应无破漏、无损伤,绝缘可靠,满足载荷要求,不准用照明线代替动力线。

(2)线路整齐,不得穿越井场和妨碍车辆交通及在油水池内通过,动力线架设高度不低于 1.2m,照明线架设高度不低于 1m。严禁拖地或挂在绷绳、井架或其他铁器上,过路要铺垫板。

(3)各种用电设施性能完好,开关、闸刀、线路连接符合安全用电要求。

(4)电器开关应装在距井口 5m 以外的开关盒内,低压照明灯、闸刀应分开设置且不准放在地面。所有保险丝应规范使用,严禁用铜、铝等线材代替。

(5)井场照明使用直流低压设备,放在距井口 10m 以外,不准直射井口操作人员。

(6)井架照明应用防爆灯,电线保证绝缘,固定可靠。

3. 井场消防及安全标识

(1)井场应配备 8kg 灭火器 4 个,消防锹 2 把,消防桶 2 个,消防钩 2 把,值班房配备 8kg 灭火器 2 个,作业机配备灭火器 1 个。

(2)消防器材应指定专人负责,每月检查一次。

(3)井场内严禁吸烟、动火,如动火必须履行动火手续。

(4)井场应使用安全警示带围好,高度为 0.8~1.2m。插好警示旗。

(5)井场应有明显的安全警示标识,至少应有:必须戴安全帽,禁止烟火,必须系安全带,当心机械伤人,当心触电,当心高空坠落,当心井喷,当心环境污染。

(6)井场安全通道畅通并做明显标识,安全区域位置合理标识清楚。

(7)井场应设置风向标(风向袋、彩带、旗帜或其他相应装置),应设置在现场容易看到的地方。

4. 作业机就位

(1)检查作业机就位线路上是否有管线、电缆等危险物暴露出地表,道路是否平整坚实。

(2)由专人指挥,按照预定线路通往预定位置,作业机行走时司机要精力集中,服从指挥。

其他人员远离作业机通道防止发生伤害事故。

(3)到达预定位置后作业机司机调整车位,使作业机尾部位于距井架基础 3 ~ 4m,且滚筒正对井架并处于水平状态。

5. 卡活绳

(1)检查绳头不能破股,绳卡与大绳直径匹配质量合格。

(2)将作业机滚筒刹车刹死,把活绳头用细铁丝扎好并用手钳拧紧,同时顺作业机滚筒一侧专门用于固定提升大绳的孔眼穿过。

(3)活绳头从滚筒内向外拉出 5 ~ 10m,把活绳头围成约 20cm 左右的圆环,然后用 22mm 钢丝绳卡子卡在距离绳头 4 ~ 5cm 处,用 300mm × 36mm 活动扳手拧紧绳卡螺母(松紧程度以挡住绳卡时,一人用力能滑动为止)。

(4)将绳环纵向穿过井架底部呈三角状的拉筋中间,撬杠别住绳环卡子,来回拉动钢丝绳,使绳环直径小于 10cm,取出绳环,用活动扳手将绳卡卡紧。卡紧程度以钢丝绳直径变形 1/3 为适宜。

(5)在滚筒一侧拉动钢丝绳,使活绳头绳环卡在滚筒外侧,以不碰护罩为准。

6. 盘大绳

(1)检查作业机滚筒部分及刹车是否灵活好用,检查随身携带工具,检查大绳有无毛刺,防止刮伤。确定指挥人员,各岗位之间分工明确。

(2)有一人在地面将大绳拉紧,使卡绳头紧靠在滚筒外侧。作业司机平稳操作,服从指挥,使用一挡、低油门操作,缓慢旋转滚筒,另有一人在作业机上用扳手将卷起的大绳一圈一圈砸紧。直到活绳受力绷直。操作人员系好安全带上到井架上固定好安全带,卸掉固定大绳的绳卡子。缓慢下放滑车,两人同时用力,手扶游动滑车外侧将固定游动滑车的绳套摘下。

(3)试提游动滑车检查大绳在滚筒上是否排列整齐,不得出现交叉和磨滚筒的现象。盘好后的大绳在滑车最低位时滚筒上不少于 9 圈。

7. 卡拉力表

(1)检查拉力表是否有检验合格证在有效期内,符合技术规范。检查绳套、卡子、保险绳套是否符合技术要求。连接拉力表的大绳用 4 个同规格的绳卡子,卡距为 0. 15 ~ 0. 2m,相邻绳卡子开口错开,互为 180°,卡紧至钢丝绳直径变形 1/3 为适宜。检查拉力表专用接头及连接螺丝是否完好。

(2)将游动滑车拉到地面并松开大绳,拉力表连接环平稳拉置地面,拆掉拉力表连接环,用螺丝连接好拉力表,螺丝上穿好保险销。装上保险绳套。手扶游动滑车侧面缓慢提起。拉力表在上升过程中有专人扶正,防止刮碰井架。

(3)装好后的拉力表悬挂在井架腿底部中间,距地面高度 2m,壳体装在井架角铁之间,用绳套将拉力表拴在上方横梁上,防止起下管柱时磕碰。表要面向作业机,表面一定要清洁。

8. 卡二道绷绳

将花兰螺丝松到位,用底绳套穿过花兰螺丝环和地锚桩,不少于 2 圈,用 3 个绳卡子卡紧,将二道绷绳穿过花兰螺丝上环拉紧用 2 个绳卡卡紧。正旋动花兰螺丝至绷绳受力。

9. 校井架

（1）检查各道绷绳、花兰螺丝。准备好 2 根撬杠。

（2）提放游动滑车观察与井口对中情况。

（3）井架向井口正前方偏离时，用撬杠别住花兰螺丝上环保持不动，用另一根撬杠插入花兰螺丝母套手柄内转动撬杠，松前 2 道绷绳，紧后 4 道绷绳。井架向井口正后方偏离时，松后 4 道绷绳，紧前 2 道绷绳。

（4）向正左方偏离时，松左侧前后绷绳，紧右侧前后绷绳。向正右方偏离时，松右侧前后绷绳，紧左侧前后绷绳。

（5）向左前方偏离时，松左前绷绳紧右后绷绳。向右前方偏离时，松右前绷绳紧左后绷绳。

（6）向左后方偏离时，松左后绷绳紧前右绷绳。向右后方偏离时，松右后绷绳紧左前绷绳。

（7）井架底座基础不平而导致井架偏斜由安装单位负责校正。

（8）校井架时，一定要做到绷绳先松后紧，不能同时松开两道绷绳。倒绷绳时必须卡保险绳。严禁用作业机拉顶井架。

（9）旋转撬杠时按需要的方向转动，两人要配合好，防止撬杠伤人。

（10）井口专人观察，直至校到位。校正标准为天车、游动滑车、井口三点成一线前后不得偏离 5cm。左右不得偏离 2cm。每条绷绳受力均匀。花兰螺丝余扣不少于 10 扣，便于随时调整。

10. 拆卸电泵井爬杆

（1）用钢丝绳套一端挂在大钩上，锁紧保险销后，将钢丝绳另一端挂在爬杆上部滑轮内侧锁好，上提大钩拉紧绳套。

（2）卸掉防喷管与爬杆卡片，松开爬杆底座与井口之间的链接，并用棕绳拴在爬杆底座。再松开 4 道绷绳的花杆螺丝，摘掉小钩，收拢绷绳。

（3）上提爬杆离开地面，同时地面人员拉住棕绳，在专人指挥下，将爬杆平稳放在地面，再抬到远离井口、安全地方。

11. 搭管桥

（1）检查井场地面是否平整，检查桥座是否完好。管桥摆放位置要合理，确保逃生路线通畅。管桥下铺好防渗布，四周围起 20cm 高的围堰。

（2）搭管桥时各岗位密切配合防止刮碰。桥座摆放平稳牢固，抬油管时轻抬轻放。管桥搭在距井口 2m 处，管桥搭 3 道桥，相邻两道桥间距 3~3.5m，管桥距地面高度不低于 0.3m，每道桥 5 个支点。

（3）管桥搭好后检查整体摆放位置是否平整牢固。

12. 挖导流沟搭操作台板

（1）施工前在井口周围围 20cm 高的土堰，挖出导流沟，在井场旁挖 1.5m³ 的溢流坑，分别铺好防渗布。

（2）根据井口操作需要,选择合适数量的操作台板、支架。摆放好操作台支架,铺好操作台板。保证操作台板完好无损,没有异物,基础应搭设平稳牢固。

13. 吊装液压油管钳

（1）操作人员系好安全带。用大钩将小滑轮和直径不小于 12.5mm 的钢丝绳带到井架适当位置（18m 井架在井架两段连接处）,将安全带保险绳绕过井架拉筋扣好。先把小滑车固定在井架连接处的横梁上,根据需要调整小滑轮位置使其在横梁的左侧或右侧,不能将其固定在横梁中间。再将钢丝绳从小滑轮穿过,钢丝绳一端从井架后穿过,另一端从井架前方顺至井口,钢丝绳一端固定在液压钳吊筒上。另一端固定在作业机绞车上。

（2）专人指挥操作绞车,吊装钳体至井口上方适当位置,将钳体推向井口,看钳体是否平正,如不平调整液压钳调平机构的前、后螺钉使之平正。将一段直径不小于 13mm 的钢丝绳一端穿过钳体尾部的尾绳螺栓,用 2 个绳卡卡紧,另一端绕过井架左侧（或右侧）,用 2 个钢丝绳卡卡紧。保证液压钳能自由拉向井口,不影响正常工作,尾绳与尾绳环高度齐平,尾绳不能过长,以液压钳咬住油管尾绳绷直为宜。检查、清洗 2 条液压管线的接头,按进出循环回路,将通井机上的液压泵与液压油管钳连接牢固。结合作业机与齿轮泵的挂合,将液压钳上卸扣旋钮调至（上）卸扣方向,将变速挡手柄向上扳到低速挡（向下高速挡）位置,推（拉）操作杆,检查液压钳是否运转正常。

14. 吊装电缆导向滑轮及滚筒支架摆放

吊装电缆倒向滑轮及电缆滚筒、支架的摆放。电缆滚筒支架放在距井口中心 15～25m,与井口和作业机中心连线的夹角成 35°～50°位置。倒向滑轮固定在井架上,距地面 8～10m 高处（吊导向轮时可先起出 2 根油管电缆长度适当时,在地面把电缆先穿过导向轮后再吊起挂到井架适当位置上卡牢）,与井口和电缆滚筒中心成一直线。

15. 接洗井地面管线

（1）洗井管线连接必须用钢制管线,进口装好单流阀,管线长度应大于 20m。

（2）检查管线是否畅通,螺纹是否完好,检查活动弯头、活接头是否完好灵活,检查大锤手柄是否牢固可靠。确定管线走向、布局合理。将管线一字摆开,首尾相接,接箍端朝井口。将活接头卡在油（套）管闸门上,与进口管线油管连接起来。并用榔头将活接头从井口向水泥车方向砸紧,保证已砸紧的活接头不卸扣（水泥车上一般为带套活接头）。砸管线时注意观察周围人员,避免造成伤害。

（3）出口进干线或和回收罐相连,出口管线不准有 90°的急弯,并要求固定牢靠。同时严禁进、出口管线在同一方位,必须在井口的两侧。

（4）用油管支架将管线悬空部分架好。

六、反洗井

（1）施工车辆位置摆放合理,接管线前车辆要停稳、熄火、拉紧手刹。

（2）将水泥车与井口管线连接,地面管线试压至设计施工泵压的 1.5 倍,经 5min 后不刺不漏为合格。

（3）井口操作人员侧身打开套管闸门打入洗井工作液。洗井时有专人观察泵压变化,泵压不能超过油层吸水启动压力。排量由小到大,压力正常后逐渐加大排量,排量一般控制在 0.3 ~ 0.5 m³/min,将设计用量的洗井工作液全部打入井内。

(4)热洗应保证水质清洁,水量不低于井筒容积的 2 倍,水温不低于 70℃。洗井过程中,随时观察并记录泵压、排量、出口排量及漏失量等数据。泵压升高洗井不通时,应停泵及时分析原因进行处理,不得强行憋泵。

(5)洗井施工期间操作人员不得跨越管线,远离管线,进入安全区域。

(6)洗井结束后,倒好井口流程,打开套管放溢流。

七、拆井口

(1)检查所有螺丝、螺帽,250 型井口的所有闸门、丝杠、手轮是否完好。对天车、游动系统、钢丝绳套进行全面检查。确认井口流程正常。

(2)用死扳手将井口螺丝砸松,卸掉螺丝,拆掉卡箍片。由专人指挥用绳套拴牢井口,拴好牵引绳,缓慢下放滑车,将绳套挂在滑车大钩内锁好保险销,缓慢吊起井口。拉住牵引绳将井口平稳放至远离井口处。吊装时绳套一定要挂牢,起吊时由专人扶住井口。

八、上提电泵油管头、试提活门

(1)各岗位应进行检查,井架基础、井架无变形。绷绳受力均匀,无打结、断股,每扭矩断丝不超过 5 丝,绷绳端子紧固。地锚坚固无松动,大绳无压扁、松股、扭折、硬弯,每扭矩断丝不超过 5 丝。游动滑车、天车、滑轮转动灵活、护罩完好。大钩弹簧、保险销完好、转动灵活、耳环螺栓应紧固。吊环无变形、腐蚀及磨损,吊卡本体无变形、腐蚀、裂纹、月牙、手柄灵活可靠。吊卡销子应使用磁性或卡环防震脱吊卡销子并拴牢保险绳。液压钳配件完整灵活、悬吊牢靠、吊绳、尾绳无断丝固定牢靠,松紧度合适。背钳无裂纹弯曲,尾绳无断丝固定牢靠,松紧度合适。设备运转系统正常、刹车灵活可靠。指重表灵敏完好。提升短接本体、螺纹完好,操作人员选择和清理好逃生通道。

(2)将提升短节与总闸门用卡箍连紧。

(3)将吊卡放在提升短节上关闭月牙,锁好手柄销,指挥司机下放滑车将吊环挂入吊卡,插好吊卡销子,人员撤离井口。

(4)专人观察后绷绳、地锚桩是否松动上移、井架基础,专人指挥作业机司机缓慢提升,观察指重表读数。悬重不超过井内管柱悬重 200kN。

(5)油管头平稳提出 2m 后观察套管溢流如无溢流活门严(如溢流不见小,用管柱下放再上提的方法再次关闭活门,如无效,请示有关部门采取压井作业)。坐好缺口法兰,在井内第一根油管接箍下放好吊卡,关闭月牙锁好手柄销。下放管柱坐在吊卡上,用合适的六方扳手拆卸电泵油管头螺丝,打开电泵油管头侧门取出电缆。调整好背钳、管钳,用管钳卸掉电泵油管头并放在工具架上。

九、起电泵管柱

(1)井口操作人员双手抓住吊环,同时侧身将吊环挂入吊卡双耳朵内,插好吊卡销子,后撤一步随着游动系统方向观察。指挥司机缓慢平稳上提油管,起油管要平稳,防止刮、碰伤电缆,拆除电缆卡子时注意不要损伤电缆铠皮及绝缘,一旦发现电缆损伤,应及时做好标记并详细记录,待露出第二根油管接箍,坐入吊卡关闭吊卡月牙,锁好手柄销。下放,将油管坐在吊卡上。

(2)调整好背钳按卸扣方向搭在油管接箍上。将液压钳上卸扣旋钮调至卸扣方向。将变速挡手柄扳到低速挡位置,再将钳体开口推拉向井口油管,油管进入开口腔底部时,一名操作人员将电缆横向拉出40cm,同时手稳住钳头,另一名操作手轻拉操作杆使背钳初步卡紧接箍,尾绳受力,再将操作杆拉到最大位置,开始卸扣。扣卸松后操作杆回中位,再挂高速挡卸扣。卸扣过程中操作人手一定要始终握住操作杆,不能让操作杆向中间位置回动,绝对不能用手触摸运动部件,如发生故障,应停泵检修。卸扣完毕挂低速挡再将操纵杆推到相反最大位置,使开口齿轮正转,当开口齿轮、壳体缺口复位,立即撒手,使操作杆回到中位。用手推钳尾部的侧面把手,将钳体开口从油管本体退出,摘掉背钳。操作液压钳时尾绳两侧不准站人,严禁两个人同时操作液压钳。

(3)缓慢提起油管,上提过程中用剪断钳顺次剪断电缆卡子,将起出的电缆穿过导向滑轮,再插入电缆滚筒卡槽内,且在卡槽内预留0.5m余量便于测量电缆参数,起出的电缆必须整齐地排在滚筒上,严禁打扭和交错排列,电缆与油管必须同步,如发现蜡卡或负荷大时应立即停止上提,下放油管至电缆同步下移,用电缆卡子将电缆固定在油管上慢慢上提,严重的应座井口洗井,不能硬提管柱,防止电缆卡在井内,造成事故。下放时井口操作人员将油管送到拉油管人员手中,同时后撒一步随着游动系统方向观察。司机缓慢下放油管,拉油管人员将油管尾部放入小滑车内,用管钳拉动油管与管柱保持同速使小滑车向后滑行。拉送油管人员拉送油管应及时并站在油管侧面,同时观察游动系统运转的方向,拉油管姿势要正确。

(4)油管放到位后,井口操作人员上前拔出吊卡耳朵上的销子,同时双手将两只吊环从吊卡的两个耳朵内拉出。司机缓慢上提滑车,井口操作人员同时侧身双手将吊环挂入吊卡两个耳朵内,插上销子并锁紧。后撒一步随着游动系统方向观察,重复以上操作,起出全部油管,起油管过程中注意随时检查手柄销子、月牙、背钳是否安全好用,严禁挂单吊环。随时观察修井机、井架、绷绳和游动系统的运转情况,发现问题立即停车处理。五级风以上、雷雨天、雾大视线不清时禁止作业。

(5)起出的油管每10根一组排列整齐,检查管柱及井下工具做好记录。油管上面禁止放任何物件和行走。

十、起电泵机组

(1)机组起到井口后,将电泵专用吊钩绳套,挂在油管吊卡双耳内并插好吊卡销子,将电泵专用吊卡卡在泵头上,缓慢上提至保护器,将另一只电泵专用吊卡卡在下一节泵上卡槽内,上紧螺丝。从上节泵开始逐级拆卸、盘轴,检查花键套、轴及"O"形密封圈的完整性并做好记录,将各自的花键套装回原处,盖上护盖,拧紧螺丝。

(2)卸电缆头两条插座螺丝,将电缆头与电动机3根引线分离后,对外观进行检查,并分别测量各自的直流电阻及对地绝缘电阻,带护盖上紧螺丝,做好记录。

(3)从保护器、电动机里放油样检查油质,做好检查记录。

(4)机组起出地面单机分开后用蒸气清洗干净,分别按编号、箱号装入对应的包装箱内,放好垫块,拧紧包装箱的螺栓。

（5）起出扶正器及捅杆。

（6）填写起泵施工报告：

① 施工单位、施工井号、施工日期和施工单位负责人；

② 作业原因、安装日期、停机日期、运转时间；

③ 机组各部件编号、铭牌参数、包装壳号；

④ 机组起出前和起出后电动机及电缆的直流电阻及对地绝缘电阻；

⑤ 起泵过程中检查情况，如盘轴情况、油品状况以及其他异常情况和部位；

十一、下刮蜡管柱

刮蜡器直径小于套管内径 2mm 能通过为合格，若下不去应依次减小 2mm，然后在加大直径确保刮蜡质量。

十二、下模拟泵通井

用通井规长度不小于 9m，外径大于电动机尺寸起下顺利无阻卡，深度下道电动机深度以下。

十三、电泵井下泵前准备工作及步骤

（1）携带电泵井设计书到电泵公司拉运机组，按设计要求检查机组排量是否符合要求。

（2）检查电动机、电缆、三相直流电阻、对地绝缘电阻和相间绝缘电阻。

（3）检查机组一次下井附件数量和质量。

（4）装车时，电缆滚筒摆放牢固，其轴心必须水平放置，其机组包装箱长度不得超出车厢 1.5m，且水平放置。

（5）变压器起吊使用吊环，保持其垂直状态，控制柜必须利用起吊环起吊，顶部不能受压，并固定在车上。

（6）装卸时采取两点起吊，保持水平，不能拖拉、碰撞或抛落。

（7）车速不宜过快，要平稳，公路状况较差地段车速不得超过 30km/h。

（8）卸车时，按机组包装箱头部位置标志，放在距井口 2～3m 处。

（9）其他设备附件必须妥善保管，避免碰撞。

十四、配管柱

1. 刺洗检查油管

用蒸汽刺洗油管时注意各部位连接情况，防止烫伤。油管螺纹完好，内外壁清洁，接箍、油管无裂痕，无孔洞，无弯曲，无偏磨，管内无脏物。油管自然平行度和内径椭圆度能通过内径规（ϕ62mm 油管用 ϕ59mm×800mm 的内径规）。

2. 丈量油管

（1）丈量油管时，不得少于 3 人，反复丈量 3 次。使用检测合格有效长度为 15m 以上的钢卷尺。一人将钢卷尺"0"刻度对准油管接箍端面，另一人拉直钢卷尺至油管螺纹根部，并读出油管单根长度，第三人将油管长度记录在油管记录纸上。

（2）按每 10 根油管一组的顺序依次累计各组油管长度，在油管记录纸上标出各组油管的累计长度。三人三次丈量的管柱累计长度误差不大于0.02%,做到三对口。

(3)将丈量好的油管整齐排列在油管桥上,每10根一组,以井口方向按下井顺序排列。

十五、机组现场安装

(1)将捅杆与扶正器连好,下入井内。

(2)安装前机组的检查:将运到的机组开箱检查,电动机、保护器、分离器、泵、电缆外观是否有损伤、弯曲、变形等情况,并记录箱号、编号及其名牌参数。

(3)按设计要求检查机组排量是否符合要求。

(4)检查电动机、电缆、三相直流电阻、对地绝缘电阻和相间绝缘电阻。

(5)检查机组一次下井附件数量和质量。

(6)检查电动机、保护器、分离器、离心泵轴是否灵活及各注油丝堵是否上紧。

(7)连接电动机:将电泵专用吊钩绳套,挂在油管吊卡双耳内并插好吊卡销子,用电泵专用吊卡卡在电动机头部卡槽内,卸掉端盖上放油丝堵。吊起电动机缓慢上提,有两人用绳套兜住电动机下端,防止撞击井口及人员,井口人员站在安全位置,卸掉尾部护丝帽与油井尾管柱连接。

(8)电动机注油:卸掉电动机尾部注油丝堵,放油检查油品无杂物、水珠后,连上注由头注油,以8~15r/min的速度,至顶部出油,重复3次,每次间隔3min,确保电动机内腔气体排净。卸下注油头,更换铅垫,上紧丝堵,下放电动机至井口,若是两节电动机,注意上下节三相插头要缓慢平稳操作,以免将三相插头碰断。

(9)保护器安装:吊卡卡在保护器头部,吊起、卸下端盖,将保护器下端面和电动机头端面清洗干净,装上花键套,试连接保护器轴,油品无杂质、水珠、盘轴灵活,更换"O"形密封圈,缓慢下放保护器与电动机法兰端面对接后,对称平均上紧螺栓,上提保护器,卸掉电动机吊卡,若是两节保护器,连接方法相同。

(10)卸下电缆头护盖,用电动机油将周围清洗干净,更换电缆头根部"O"形密封圈。清洗电动机引线护盖后卸掉,将电动机三相引线清洗干净,分别测量电动机的对地绝缘电阻和三相直流电阻以及电缆的对地绝缘电阻、三相直流电组和相间绝缘电阻,都应大于1000MΩ.

(11)电缆头连接:缠绕式电缆头连接前进行清洗,把电缆插头和电动机引线端子相插接,用克丝钳去掉毛刺,逐相用绝缘胶带(四氟乙烯带)1/2搭接缠绕2~3层。再将三根引线合在一起缠绕2~3层,最后用白布带1/2搭接缠绕2~3层。将电缆头伸出部分送入电动机内,对称均匀上紧固定螺栓。

(12)测量整机电阻参数:电动机与电缆头连接后,用万用表和兆欧表分别测量整机三相直流电阻及对地绝缘电阻,三相直流电阻要求不平衡度应小于2%,对地绝缘电阻应大于1000MΩ。

(13)胶囊式保护器注油:将电动机顶部注油阀丝堵卸下,连上注油头,将1#,2#,3#,4#,5#和7#放气丝堵打开,以8~15r/min的速度摇动注油泵进行注油,各个放气孔出油且无气泡为止。按出油顺序更换铅垫,上紧丝堵。

(14)连接分离器。吊卡卡在分离起顶部并吊起,卸掉分离器下端护盖和保护器上端护盖,清洗连接部位,盘轴灵活,花键套插入保护器花键轴上,将分离器与保护器对接,均匀上紧法兰螺栓。上提,卸掉保护器吊卡,装电缆保护罩后,下放至井口。

(15)连接各节泵。按泵的上下节顺序分别用吊卡卡在各节泵顶部,吊起卸下保护盖,清洗连接部位,上、下泵盘轴灵活,更换"O"形密封圈,安装花键套,两法兰面对接到位后,对称均匀上紧法兰螺栓,上提,卸掉分离器吊卡,装电缆保护罩至泵出口,测量电泵机组参数。

(16)单流阀、测压阀和电缆的安装。

① 单流阀安在泵出口第一根油管的上端。测压阀安装在泵出口第二根油管的上端。或按施工设计要求连接。

② 单流阀、测压阀在安装前应检查合格,方可使用。

③ 电缆固定在油管外壁上,每根油管距上下接箍 20~30cm 处各打一个卡子,电缆大小扁连接处上下各打一个卡子。电缆卡子应使电缆铠皮轻微变形又不损伤电缆绝缘层为原则。

(17)填写下电泵施工报告,包括:

① 施工单位、施工井号、施工日期;

② 机组各部件编号、铭牌参数、电流、电压、功率等;

③ 填写电动机及电缆直流电阻和对地绝缘电阻数值;

④ 填写电泵井移交书。

十六、下电泵管柱

(1)各岗位应进行检查,井架基础、井架无变形等缺陷。绷绳受力均匀,无打结、断股,每扭矩断丝不超过 5 丝,绷绳端卡子紧固。地锚坚固无松动,大绳无压扁、松股、扭折、硬弯,每扭矩断丝不超过 5 丝。游动滑车、天车、滑轮转动灵活、护罩完好。大钩弹簧、保险销完好、转动灵活、耳环螺栓应紧固。吊环无变形、磨损及腐蚀,吊卡本体无变形、腐蚀、裂纹,月牙、手柄灵活可靠。液压钳配件完整灵活、悬吊牢靠,吊绳、尾绳无断丝固定牢靠,松紧度合适。背钳无裂纹弯曲,尾绳无断丝固定牢靠,松紧度合适。设备运转系统正常、刹车灵活可靠。指重表灵敏完好。操作人员选择和清理好逃生通道。

(2)拉送油管人员将油管外螺纹涂好密封脂,将油管接箍端放在油管桥枕上,油管外螺纹端放在小滑车上。井口操作人员将吊卡扣在油管上,锁好后翻转 180°使月牙朝上。指挥司机下放游动滑车,井口操作人员同时握住吊环挂入吊卡的两个耳朵内,插上吊卡销子锁紧,拉住吊环。司机将油管平稳提起。待吊卡提离井口,井口操作人员后撤一步随着游动系统方向观察。

(3)拉送油管人员必须站在油管侧面,用管钳拉住油管与油管保持同速同时观察井口人员和游动系统运转的方向,平稳地将油管送至井口操作人员手中。放送电缆要有专人负责,放电缆时不得直接接触地面,不得拉得太紧保证和油管同步。

(4)井口操作人员将油管与井内油管对正,下放油管将外螺纹坐入井内油管内螺纹内,一人扶住电缆,保护电缆防止磕碰电缆。搭好背钳,把液压钳上盖上卸扣旋钮调至上扣方向,挂入高速挡按规定的扭矩将油管螺纹上满、旋紧,保证不渗、不漏、不脱(推荐最佳上紧扭矩:钢级为 J-55 通称直径为 62mm 非加厚油管 1.45kN·m.)将液压钳挂入电动机,把操纵杆拉到最大位置,使开口齿轮反转,当开口齿轮、壳体缺口复位时,退出,然后上提管柱 50cm,摘掉井口吊卡后,在每根油管距上下接箍 20~30cm 处各打一个卡了(打电缆卡子方法:右手拿电缆卡子头部后搭在油管上左手接过电缆卡子尾部绕油管穿过电缆卡子头部左手把住电缆卡子头部右手接过电缆卡子尾部拉紧套上拉紧钳,此时锁紧钳咬住电缆卡子头部,用拉紧钳反复拉紧至电缆稍微变形位置,锁紧钳压至变形,拉住拉紧钳左右反复折叠后突然向下摆拉紧钳确保电缆卡子尾部断掉)。确保电缆固定在油管外壁上,电缆卡子应使电缆铠皮轻微变形又不损伤电缆绝缘层为原则,打好卡子后,将油管平稳下入,同时保证电缆放送速度与油管下放速度同步。

(5)油管在下剩最后几根到设计井深时,下放速度不超过5m/min,防止因长度误差顿弯油管。

(6)试通活门:坐电泵油管头之前,另加深一根油管试通活门,观察套管溢流,如有溢流试通活门成功。

(7)安装电泵井口:测量机组的三相直流电阻、对地绝缘电阻符合要求,将电泵油管头侧门打开,将电缆铠皮剥去0.5m,三根电缆线分别压入相应密封圈垫的半圆孔中,关上侧门,带上螺栓,并依次均匀上紧其他5条螺栓,使密封胶皮鼓起,缓慢下放滑车,扶正油管头准确坐在油管头座上。装上开口法兰,并拧紧螺栓。测量机组的三相直流电阻及对地绝缘电阻应符合要求。

(8)安装采油树,摘下电缆导向滑轮后,吊装爬杆。

十七、洗井

(1)按洗井要求接好管线,试压:用水泥车将油管灌满清水正打压10MPa,稳压5min。

(2)倒好反洗井管线和流程,井口操作人员侧身打开套管闸门打入洗井工作液。洗井时有专人观察泵压变化,泵压不能超过油层吸水启动压力。排量由小到大,压力正常后逐渐加大排量,排量一般控制在0.3~0.5m³/min。

(3)热洗应保证水质清洁,水量不低于井筒容积的2倍,水温不低于70℃。洗井过程中,随时观察并记录泵压、排量。

(4)洗井施工期间操作人员不得跨越管线。洗井完毕后,关闭进口套管闸门,拆卸洗井管线,抬放到管爬犁上,其他配件回收至工具房内。

十八、电泵井投产

(1)投产憋泵前通知采油队技术人员到现场。

(2)在井口油管放空闸门处装好试压装置和校验合格压力表,一般选用25MPa的压力表,表盘清洁、便于观察。

(3)将井口电缆连在接线盒上。

(4)检查变压器铭牌标明的电压,电压分挡开关转动灵活无阻,挡位之间定位,各挡位之间直流电阻应平衡。

(5)控制柜的安装检查与调整。过载整定值按最大值调整,欠载整定值调整至最小,待运行正常后,过载运行电流的1.2倍调整,欠载运行电流按工作电流的0.8倍调整。给电流记录仪装上24h的电流卡片,更换笔尖,并将时间调整在24h挡位上,上紧钟表发条。将选择开关扳在手动位置上,倒好流程,打开生产闸门,启动机组,运行5min,打开油管放空闸门,关上生产闸门进行憋压,观察井口压力表,油压上升到8~12MPa为合格,打开生产闸门泄压,采油队技术人员认可后签字。

(6)同时关闭油管放空闸门、打开考克泄压螺钉泄压,卸掉压力表及试压装置。

十九、收尾交井

(1)将游动滑车拉到地面并松开大绳,拉力表平稳拉置地面,拆掉拉力表连接螺丝,装好专用接头,缓慢将游动滑车提起。打开大钩锁销,两人扶住滑车,将固定大钩的钢丝绳套放入大钩内锁好,指挥司机缓慢上提,使各股大绳受力均匀,大钩脖子稍微伸出时停止,操作人员系好安全带,带好工具,上到井架上固定好安全带,用绳卡子将大绳卡紧,下到地面。指挥司机缓慢下放使快绳解除负荷并匀速转动滚筒,操作人员拉住活绳整齐地将大绳盘在井架上。拆掉活绳头上的绳卡子。

(2)起出的电泵机组及原井电缆、剩余新电缆及电缆滚筒等及时回收。

(3)井口设备流程与施工前保持一致或按设计执行。刺洗干净,保证齐全,井口螺丝紧固平齐无刺漏。

(4)工具、用具、配件必须清理干净后装在工具房里,池子清理干净,盛液容器必须放空排净。

(5)井场干净、平整及井场外围符合环保要求。

(6)正常运行30min后与采油队进行交井。

二十、施工总结编写

1. 施工总结内容

(1)基本数据。

套管规范、套管下入深度、人工井底、射孔井段、油层中部深度、射孔层位、原始压力、补心距、套补距、套管法兰短接长度和采油树型号。

(2)编写内容。

标准井号、施工目的、施工日期、完井管柱示意图、施工内容、备注说明、施工单位、填表人及审核人。

2. 施工总结编写要求

(1)整理班报、油管柱记录,按工艺要求、工序先后顺序总结本次施工过程。做到日期、时间衔接。

(2)按总结表格内容项目进行填写。

(3)填写各项静态数据,应与设计一致,施工中出现补孔、更换井口等,射孔井段、油套补距发生变化,应以变化后录取数据为准。

(4)作业资料录取项目执行相关标准。

(5)井下管柱结构图与管记录一致,与设计相符。井下管柱结构及井下工具示意图执行相关标准。

(6)施工中遗留问题及井下技术状况,应在总结备注栏内标注清楚。

(7)施工总结中应注明上次管柱下井日期及厂家。

(8)施工总结应注明所有下井工具型号、厂家。

3. 施工总结审核

施工总结应在施工井完工七天内报施工单位技术部门审核,由技术部门上交或用微机网络传送到有关技术部门审核后上公司企业网。

第二节 电动潜油泵常用下井工具

一、电动潜油泵管柱的组成

电动潜油泵由7个部分组成:潜油电动机、保护器、分离器、潜油泵、潜油电缆、控制屏和变压器。与其配套使用的还有小扁电缆护罩,电缆卡子、单流阀、测压阀、扶正器等。电动潜油泵在安装时还配有电缆滚筒,支架和电缆导向滑轮等辅助设备,见图3-1。

二、电动潜油泵的性能

电动潜油泵机组、结构见图3-2。

1. 电动潜油泵的工作原理

当电动机带动叶轮高速旋转时,充满在叶轮内的液体在离心力的作用下,经叶轮流道甩向叶轮四周,使压力和速度同时增加,逐个泵叠加后就获得一定的扬程,将井液送到地面泵站。

2. 结构组成

(1)固定部分:上、下接头,外壳、导壳、固定转承座。

(2)转动部分:叶轮、轴、键、垫片、花键套。

3. 使用材料

(1)叶轮:塑料、金属、镍铬合金、青铜。

(2)导壳:镍铬合金、铸铁。

(3)轴:锰钛合金(直径17.4mm,最长7.5m)或45#钢(直径20mm,长2~4m)。

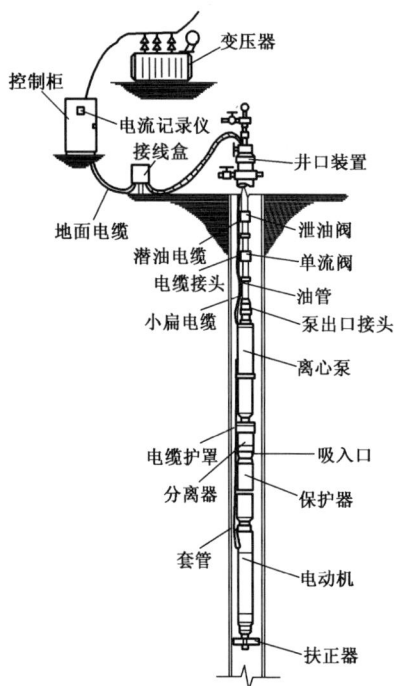

图3-1 电动潜油泵管柱的组成

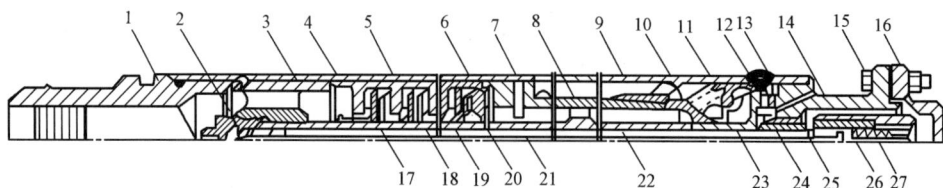

图3-2 电动潜油泵机组结构

1—泵出口接头;2—轴头压盖;3—上轴承外套;4—导轮;5—胶圈;6—泵壳;7—放气孔;8—交叉流道管;9—分离器壳体;10—诱导轮;11—分离壳;12—分离器叶轮座;13—半圆头丝堵;14—泵下接头;15—六角螺栓;16—泵护帽;17—上止推垫;18—中止推垫;19—叶轮;20—下止推垫;21—键;22—轴;23—分离器叶轮;24—轴承内套;25—卡簧;26—花键套;27—花键套弹簧

4. 电动潜油泵的特点

（1）级数多,扬程高。

（2）外径小,排量大。

（3）带油气分离器。

（4）轴向卸载和径向扶正。

三、潜油电动机

1. 工作原理

当三相交流电通过电缆输送到电动机定子绕组时,流入电动机的电流在气隙内产生一同步旋转磁场,该磁场与转子切割时,转子绕组中有感应电流产生,由于通电导体在磁场受磁力的作用,转子就会跟着磁场旋转,如果电动机轴端带有机械负载,电动机就输出机械功率,从而将电能转变为机械能。

2. 潜油电动机结构组成

潜油电动机为立式悬挂,主要由定子、转子、止推轴承、扶正轴承、电动机头、下接头等组成(图3-3)。

潜油电动机为密闭式,腔内充满高纯度,高介电强度的矿物油,它在电动机内起润滑,绝缘和传递热量的作用:

（1）定子系统主要有:定子铁芯,定子线圈。作用是产生旋转磁场。

（2）转子系统主要由:转子铁心、转子绕组(电解铜)短路环、转子轴承、转子轴、摩擦垫片。作用产生感应电流而受力转动,并输出机械能。

（3）止推轴承:动块、静块。作用承受转子重量。

（4）润滑系统:打油叶轮、流道、滤网。作用冷却、润滑。

3. 潜油电动机的特点

（1）径向直径尺寸受到限制,95～190mm。

（2）轴向尺寸无限。最短5.588m,最长10m可以无限极。

（3）定子、转子同时分节。

（4）电动机内注油冷却、润滑。

（5）绝缘性能要求高。

（6）起动转矩大,转动15圈,可达到负荷。

4. 潜油电动机的作用

根据油井产量,扬程不同规格的套管可选用不同功率、不同直径的电动机。潜油电动机功率电压一般为400～2500V 电流为30～120A,电动机功率与电动机长度成正比,单节电动机长度最长不大于10m,电动机可以串联使用,串联方式单用内插式结构,轴连接采用花键套。

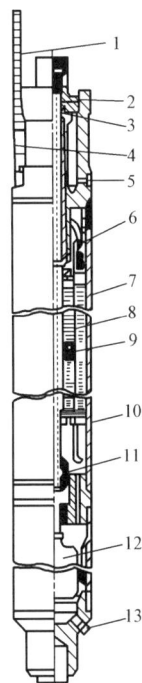

图3-3　潜油电动机的结构
1—扁电缆;2—止推轴承;3—电动机轴;
4—电缆头;5—注油阀;6—引线;
7—定子;8—转子;9—扶正轴承;
10—电动机壳体;11—打油叶轮;
12—滤网;13—注、放油阀

四、保护器

1. 保护器的作用

（1）防止井液进入电动机。
（2）平衡电动机内腔的压力。
（3）补偿电动机中润滑油的损失。
（4）承受来自泵方向的推力。
（5）传递动力作用。

2. 保护器的结构

保护器的结构见图 3 - 4。

3. 保护器的工作原理

通过胶囊的弹性变形和单向阀来满足润滑油的体积变化，并利用胶囊将井液隔开，从而延长电机润滑油的供给。

五、旋转式分离器

1. 作用

（1）分离泵吸入口处的气体；
（2）做泵的吸入口。

2. 种类

（1）沉降至分离器；
（2）旋转式分离器。

3. 结构

旋转式分离器的结构见图 3 - 5。

4. 工作原理

气液混合液由下接头的吸入口进入诱导轮引入到吸入口叶轮，叶轮的高速旋转，使气液混合液的流向经导向轮由径向变为轴向流动进入分离器腔，在离心力作用下，较重的液体被甩向外围，较轻的气体就聚集在轴心附近，且继续上移至分流壳，从出气孔进入油管与套管环形空间，脱离气体的液体则由多级离心泵吸入，从而实现油气分离。

旋转式分离器是一种主动分离力装置，如果油井含砂，砂子随液体在壳内高速旋转，使壳内壁受到严重的磨损，甚至将壳体磨穿而断裂，使机组掉入井内，因此旋转式分离器只用于含沙量小或不含沙的油井。

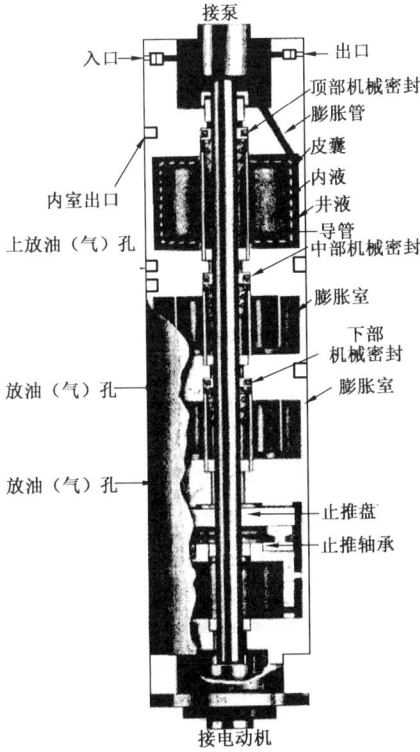

图 3-4　保护器

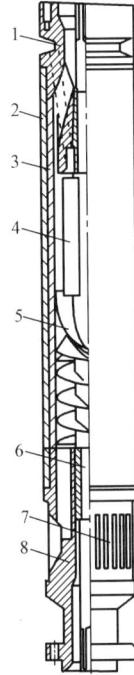

图 3-5　旋转式分离器的结构

1—上接头;2—壳体;3—衬套;4—叶轮;

5—诱导轮;6—轴;7—吸入口滤网;8—下接头

第三节　控制屏及电动潜油泵井常见故障原因分析及处理

一、控制屏常见故障处理方法

控制屏常见故障处理方法,见表 3-1。

表 3-1　控制屏常见故障处理方法

常见故障	产生原因	处理方法
(1)真空接触器不吸合	电源	调整变压器挡位
	端子上接线不对	查对接线端子图端子编号,按图改正
	线圈烧坏	万用表电阻挡检查线圈电压更换线圈
	二极管击穿	万用表电流挡检查二极管正反电阻,更换二极管
	辅助触点接触不良	用万用表检查辅助触点,清扫干净或更换新的
(2)线圈过热	额定电压不符	检查工作电压与铭牌上电压,改为正确电压
	线没接好,螺钉松动	检查螺钉松动情况,拧紧、接好

续表

常见故障	产生原因	处理方法
(3)中心控制器 单相保护停机	有一相或二相保险损坏	检查主回路辅助保险,更换
	电流互感器开路	检查互感器接线,对照图接线
	中心控制器输入电路损坏	检查三相电流,更换新中心控制器
(4)控制屏 过载停机	中心控制器过载比较电路损坏	检查三相电流并与过载设定比较,更换新中心控制器
	中心控制器过载设置偏低	重新设置过载值
	电动机和电缆某相接地	拆除电动机的电缆、空载启动控制屏
(5)合闸后控制 屏接触器不吸 合运行指示灯亮	控制回路保险坏	用万用表测控制回路电压,更换保险
	控制变压器抽头接错,控制回路电压过低	检查110V电压,重新调整抽头
	中心控制器运行晶闸管损坏	检查中心控制器输出110V电压,更换晶闸管
	中间继电器损坏	更换中间继电器
(6)中心控制 器欠载保护	中心控制器欠载值设置偏高	检查电动机运行电流,重新设置欠载值
	中心控制器欠载比较电路损坏	更换中间继电器
(7)三相电流 不平衡	互感器质量不合格	检查主回路三相电流值,更换互感器
	电动机、电缆某相绝缘能力降低	用兆欧表检查相间绝缘
	供电电流不平衡	检查主回路三相电流
(8)合闸启动后 空气开关跳闸	空气开关电流值设置偏低	检查空气开关,调整弹簧,重新设定电流值
	电动机或电缆接地	用兆欧表检查对地绝缘电阻

二、电动潜油泵井常见故障原因分析及处理

电动潜油泵井常见故障原因分析及处理见表3-2。

表3-2　电动潜油泵井常见故障原因分析及处理

系统状况	故障内容	故障原因	处理措施
泵能够运转	(1)泵的排量过 低或等于零	转向不正确	调整相序使电动潜油泵正转
		地层供液不足或不供液	测动液面,提高注水井注水量;井下砂堵及时处理;加深泵挂深度;换小排量机组
		地面管线堵塞	检查阀门及回压,热洗地面管线
		油管结蜡堵塞	进行清蜡处理
		泵吸入口堵塞	起泵进行处理
		管柱有漏失	憋压检查,起泵处理
		泵或分离器轴断	起泵检查并更换机组
		泵设计扬程不够	重新选泵并更换机组
	(2)运行电流偏高	机组在弯曲井段	上提或下放若干根油管
		电压过高	按需要调整电压值
		井液黏度或密度过大	校对黏度和密度,重新选泵,起井更换机组
		井液中含有泥砂或其他杂质	取样化验,严重的可改其他方式生产

续表

系统状况	故障内容	故障原因	处理措施
泵能够运转	(3)运行电流不平衡	井下设备出现故障	从接线盒处将电缆顺时针调整一个位置,如控制屏显示电流顺次移动,则问题在井下电动机或电缆;否则不平衡原因在地面
		电源或地面设备出现故障	将变压器初级绕组引线顺次调整一个位置,如果控制屏显示电流相应移动,则问题在电源,否则故障点在变压器
泵不能够运转	(1)机组不能启动运转	电源切断或没有连接	检查三相电源、变压器、控制屏及保险丝;检查电闸是合上
		控制屏控制线路发生故障	检查控制电压是否合适;检查整流电路二极管是否损坏;检查控制保险是否损坏
		地面电压过低	根据电动机额定电压和电缆压降计算出地面所需电压,调整变压器当位置正确值
		电缆或电动机绝缘破坏或断路	测量井下设备的三相直流电阻和对地绝缘电阻,起泵更换机组
		砂卡或井下设备机械故障	做反向启动试验,起泵进行修理
		油稠黏度大,死油过多,结蜡严重,压井液未替喷干净	用轻质油或水热洗(温度控制在电动机极限温度以下),然后再启动
	(2)过载停机(过载指示灯亮)	过载电流调整不正确	过载电流应调整为额定电流的120%
		电动潜油泵的摩阻增加	检查排量是否正常及含砂量,起井进行修理
		偏载运行	检查三相电流、保险及整个电路
		电动机或电缆绝缘破坏	测量机组的三相直流电阻和对地绝缘电阻
		控制屏线路故障	检查控制屏线路,并进行修理
		单流阀漏失	液体发生回流,使油管内产生真空,此时不能起泵,需起泵修理
	(3)欠载停机(欠载指示灯亮)	欠载电流调整不正确	欠载电流应调整为正常运行电流的80%
		泵或分离器轴断	检查排量是否正常,憋压检查,起泵进行修理
		控制屏线路发生故障	检查控制屏线路、各街头及元件
		气体影响,导致电动机负荷减小	适当放套管气,起出更换分离器或加深泵挂
		地层供液不足	测量动液面深度,提高注水量,更换小排量泵

第四章　螺杆泵井作业

第一节　作业前准备工作

一、编写施工设计

(1)施工设计是根据地质方案设计和工艺设计的要求而编制的。

(2)施工设计应注明油田名称、井号、井别、编写人、审核人、审批人、编写单位和日期；应提供明确的施工目的；有详细的基础数据和生产数据；提供目前井内管柱结构和下泵管柱示意图及下井工具名称、规范、深度；明确施工步骤及施工要求；提出施工中的安全注意事项及井控环保要求。

(3)施工设计应履行审批手续，有设计人、初审人、审批人签字。

(4)施工设计变更应编写补充设计，并履行审批手续。

(5)因其他因素变更原有设计应履行变更程序。

二、施工现场勘察

(1)调查核实施工井所归属的采油厂、矿、队及方位、区域、井别、井号。

(2)调查通往井场的道路状况、距离、沿途道路上的障碍物，输电线路、通信线路、桥梁、涵洞的宽度、长度及承载能力。

(3)调查井场的使用有效面积(50m×50m)，能否立井架、摆设油管、抽油杆、工具房、值班房、锅炉房、池子、污油水回收装置，车辆停放位置，井场地势状况能否满足地锚承载的安全要求。

(4)调查该井是否在敏感区域。井场周围有无易燃易爆危险品，有无怕震动、怕噪音的民用设施。移动居民区设施时同物业部门协调。

(5)调查可向井场供电的电源、电压、供电距离、接电的方式等，井场无易燃易爆的危险品。

(6)调查采油树型号及完好情况，井口装置能否与井控装置配套，地面流程情况，所属的计量间，抽油机型号，驴头拆装方式，刹车完好情况，井场设备及装置是否有碍于作业施工。

三、立放井架：固定式

1. 打桩

(1)打桩车出车前按施工任务量及井架负荷选择符合标准的地锚桩装在车上，保证每口井具备前地锚桩、二道地锚桩、后地锚桩各2根。地锚应使用长度不小于1.8m，直径不小于ϕ73mm的石油钢管；螺旋地锚片应使用厚度不小于5mm，直径不小于250mm，长度不小于400mm的钢板。钢筋混凝土地锚的外形尺寸应采用1000mm×1000mm×1300mm(长×宽×高)。

（2）根据井场环境,选好地锚桩的位置,地锚桩孔眼位置不得选在油井管线和电缆铺设的地方。同时,绷绳坑的位置应避开水坑、泥浆池等处,绷绳应距输电线5m以上。地锚桩施工尺寸要求:后地锚桩连线至井口距离24m,前地锚桩连线至井口距离22m,井架二腿中心至井口垂直距离1.8m,二道地锚桩至后地锚桩连线距离1m,二道地锚桩至后地锚桩距离1.4m,后地锚桩之间距离16m,前地锚桩之间距离14m。以上地锚桩位置偏差不大于0.5m。

（3）打桩时由专人指挥,专人操作。支好车尾部千斤顶,检查锤架上空有无障碍物,立起锤架,穿好固定销。操作手把滚筒上升起锤架的钢丝绳摘掉,使滚筒转动,吊起桩锤,刹紧滚筒后把锤固定销取掉。

（4）打桩时操作手与扶桩人员应当严密配合,不允许用手扶桩,要使用机械方式扶桩。桩锚扶正后,首先控制锤下落速度要慢,轻轻打压桩锚,当桩锚与地面垂直稳定后人立即离开,再加重打桩力度,打至地锚孔眼或环形挡板离地面50～100mm为止。

（5）利用滚筒刹车,轻轻放倒锤架,不得摔坏锤架。

（6）冬季地表冻层深达300mm以下时,要用蒸汽刺桩眼等措施后再打桩。五级以上大风、雷雨天、雾天能见度较低时禁止打桩。

2. 拔桩

（1）拔桩时,操作手注意观察空中、地面和全车工作情况,当有障碍物时要待排除后才能工作。

（2）支好车尾部千斤顶,拔桩人员把吊钩挂在地锚销上,操作手挂滚筒离合器,开始拔桩。

（3）拉紧钢丝绳,逐渐加大发动机油门。指挥人员随时注意千斤顶和插销有无打滑现象,若有立即示意停止拔桩,进行调整处理。

（4）地锚拔动后,缓慢减力直到拔出,放在车上,固定牢固。五级以上大风、雷雨天、雾天能见度较低时禁止拔桩。

3. 立井架

（1）立井架必须由专人指挥,专人操作,专人观察。车辆进入井场前检查是否有障碍物,如:输电线路、通信线、落线架。井架运到井场后,找好井口对汽车中心线,平好井架基础。确保井架底座基础最小压强为0.2MPa,把车倒进井场,使汽车中心线与井口中心线重合,汽车在后轮中心距井口7～8m之间停稳,刹好车。

（2）启动油泵:先打开油箱,接通取力装置,使油泵运转正常。

（3）支好支腿千斤顶,将4个锁紧缸收回,松开井架。

（4）检查井架无开焊、断裂、缺件,无明显鸡胸、驼背等变形。检查井架各部件、天车、爬梯、护圈、基础销子等,使之处于完好状态。

（5）抬起起升架多路换向手柄,起升架慢慢升起,当井架随起升架升至70°之前,为防止倒井架事故,必须按要求系好后绷绳,与地锚桩上的花兰螺丝联结,用与地锚绳直径相匹配的卡子卡紧,卡距200～250mm。绳卡子安装方向符合"U"形环卡在辅绳上的要求。后头道地锚绳3个卡子,后二道和前道地锚绳2个卡子,地锚绳直径16mm,要求无断股、断丝。

（6）继续升起井架,使井架基础坐在预先整理好的地面上,井口距井架两腿之间距离180cm±5cm。

（7）继续升起升架，绷绳岗人员压紧后绷绳，把起升架升至指定位置，使天车对井口位置偏差不大于100mm，通过铅垂进行检验。

（8）将前绷绳固定在前地锚桩的花兰螺丝处，用绳卡子卡紧。

（9）固定好的井架应按标准安装好6根绷绳，井架后绷绳、前绷绳、二道绷绳各2根，后绷绳最小直径不小于16mm，前道绷绳、二道绷绳最小直径不小于13mm。前道绷绳、后二道绷绳各2个绳卡子，后头道绷绳3个绳卡子。绳卡子安装方向符合"U"形环卡在辅绳上的要求，卡距为绷绳直径的6~8倍，要求绷绳无断股、断丝、无接头、无硬弯打扭等，卡紧程度以钢丝绳变形1/3为准。花兰螺丝处的螺栓伸出长度在各部尺寸达到要求时不大于螺栓长度的1/2。

（10）缓慢回收起升架，收起千斤顶，分离动力，安全离开井场。

（11）夜间、五级风以上、雷雨天、下雪、雾天能见度较低时不得立井架。

4. 放井架

（1）放井架必须由专人指挥，专人操作，专人观察。利用载车的液压调整千斤顶和水平尺把载车与井口对中找平。

（2）按下多路换向阀，慢慢升起升架，使锁销将井架锁紧。

（3）将前绷绳从地锚桩解开，慢慢收回起升架，观察井架是否接正，如发现异常应进行调整。

（4）基础离地的检查基础螺丝、井架销子，上提并锁紧井架，盘好绷绳。

（5）继续收回起升架，当起升架越过垂直角度时，切断动力，靠井架的自身重量使井架平放在载车的起升架上，收回液压千斤顶。

（6）夜间、五级风以上、雷雨天、下雪、雾天能见度较低时不得放井架。

（7）井架在转运过程中，要设有超高标志，注意瞭望，防止刮碰电线，车速不得超过40km/h。

四、搬家

（1）组织全班人员，在搬家过程中必须听从现场指挥人员调动安排。

（2）吊装前检查值班房、工具房、污油回收装置、方铁池、油管爬犁的吊绳、保险销是否符合安全技术要求。吊装钢丝绳套无断丝、断股。保险销紧固无损伤。检查工具房、值班房门窗是否锁好。

（3）吊车就位后，四角千斤顶伸开支平牢固，吊装时吊杆悬臂工作范围内不许站人，被吊物体上、下严禁站人。

（4）操作人员在车辆停稳后方可上前操作，挂牢绳套，待操作人员手离开绳套，绳索受力后，操作人员离开吊装物，平稳起吊。指挥卡车就位，缓慢下放物体卸载，操作人员摘钩撤走后，方可指挥行车。

（5）搬家作业设备时要合理吊装，不挤压，不撞击，盛液容器必须放空排净。吊装用的钢丝绳必须满足承吊重物的安全载荷，提钩要挂牢，捆绑要结实。

（6）搬家车辆在行驶过程中要安全驾驶。

（7）作业机上拖板车有专人指挥，地面要平整坚实，道路两边无深沟等。

（8）搬家到井场后专人负责把值班房、工具房、锅炉房在距井口30m附近摆放成"一"形、"L"形、"U"形。锅炉房应就位在井口上风头,锅炉房与值班房应分开放置,其距离应大于4m或按作业队实际要求摆放。方铁池就位在距井口30m以外便于车辆通行处,做到水平放置排列成行。污油回收装置就位在井口上风头15m附近。

（9）五级以上大风等恶劣天气时禁止搬家。

五、现场施工前准备工作

1. 交接井

（1）开工前,通知施工井所在采油队,约定时间到井上交接井。

（2）按规定进行交接,采油工详细介绍,作业工认真作好记录。交清地面流程、电路、流程保温、设备完好情况、井场情况及井场外围环保情况。交清井生产情况。对井口设备与井场设施逐点进行交接。

（3）由采油队负责停机断电,拆除螺杆泵驱动装置的电源线。

（4）由采油队负责倒好流程,施工过程中不能轻易改动,以保证施工完顺利投产。

（5）双方在现场认真填写油井作业施工交接书,经甲乙双方签字,一式两份,各持一份。

2. 井场用电

（1）井场电线用胶皮软线,应无破漏、无损伤,绝缘可靠,满足载荷要求,不准用照明线代替动力线。

（2）线路整齐,不得穿越井场和妨碍车辆交通及在油水池内通过,动力线架设高度不低于1.2m,照明线架设高度不低于1m。严禁拖地或挂在绷绳、井架或其他铁器上,过路要铺垫板。

（3）各种用电设施性能完好,开关、闸刀、线路连接符合安全用电要求。

（4）电器开关应装在距井口5m以外的开关盒内,低压照明灯、闸刀应分开设置且不准放在地面。所有保险丝应规范使用,严禁用铜、铝等线材代替。

（5）井场照明使用直流低压设备,放在距井口10m以外,不准直射作业司机和井口操作人员。

（6）井架照明应用防爆灯,电线保证绝缘,固定可靠。

3. 井场消防及安全标识

（1）井场应配备8kg灭火器4个,消防锹2把,消防桶2个,消防钩2把,值班房配备8kg灭火器2个,作业机配备4kg灭火器1个。

（2）消防器材应指定专人负责,每月检查一次。

（3）井场内严禁吸烟、动火,如动火必须履行动火手续。

（4）井场应使用安全警示带围好,高度为0.8~1.2m。插好警示旗。

（5）井场应有明显的安全警示标识,至少应有:必须戴安全帽,禁止烟火,必须系安全带,当心机械伤人,当心触电,当心高空坠落,当心井喷、当心环境污染。

（6）井场安全通道畅通并做明显标识,安全区域位置合理标识清楚。

（7）井场应设置风向标(风向袋、彩带、旗帜或其他相应装置),应设置在现场容易看到的地方。

4. 作业机就位

（1）检查作业机就位线路上是否有管线、电缆等危险物暴露出地表，道路是否平整坚实。

（2）由专人指挥，按照预定线路通往预定位置，作业机行走时司机要精力集中，服从指挥。其他人员远离作业机通道防止发生伤害事故。

（3）到达预定位置后作业机司机调整车位，使作业机尾部位于距井架基础 3～5m，且滚筒正对井架并处于水平状态。

5. 卡活绳

（1）检查绳头不能破股，绳卡与大绳直径匹配质量合格。

（2）将作业机滚筒刹车刹死，把活绳头用细铁丝扎好并用手钳拧紧，同时顺作业机滚筒一侧专门用于固定提升大绳的孔眼穿过。

（3）活绳头从滚筒内向外拉出 5～10m，把活绳头围成约 20cm 左右的圆环，然后用 22mm 钢丝绳卡子卡在距离绳头 4～5cm 处，用 300mm×36mm 活动扳手拧紧绳卡螺母（松紧程度以挡住绳卡时，一人用力能滑动为止）。

（4）将绳环纵向穿过井架底部呈三角状的拉筋中间，撬杠别住绳环卡子，来回拉动钢丝绳，使绳环直径小于 10cm，取出绳环，用活动扳手将绳卡卡紧。卡紧程度以钢丝绳直径变形 1/3 为适宜。

（5）在滚筒一侧拉动钢丝绳，使活绳头绳环卡在滚筒外侧，以不碰护罩为准。

6. 盘大绳

（1）检查作业机滚筒部分及刹车是否灵活好用，检查随身携带工具，检查大绳有无毛刺，防止刮伤。有专人指挥，各岗位之间分工明确。

（2）一人在地面将大绳拉紧，作业司机平稳操作，服从指挥，使用一挡、低油门操作，缓慢正旋转滚筒，另一人站在作业机滚筒前大绳一侧用手锤将卷起的大绳一圈一圈砸紧。直到活绳受力绷紧。操作人员系好安全带上到井架上固定好安全带，卸掉固定大绳的绳卡子。指挥司机缓慢下放游动滑车，井口两人同时用力推住游动滑车将固定游动滑车的钢丝绳套从大钩内摘下。

（3）试提游动滑车检查大绳在滚筒上是否排列整齐，不得出现交叉和磨滚筒的现象。盘好后的大绳在滑车最低点时在滚筒上不少于 9 圈。

7. 卡拉力表

（1）检查拉力表是否有检验合格证在有效期内，符合技术规范。检查拉力表专用接头、连接螺丝及保险销是否完好。保险绳应与大绳直径相同，绳套长度应小于 1m，并用 4 个绳卡子固定。死绳走井架腹内，大绳死绳头与拉力表上部专用接头处应系猪蹄扣，死绳余出 1.5m 左右，并用 4 个配套绳卡固定牢靠，卡距 15～20cm。拉力表下部专用接头应穿在底绳套中间，底绳套用猪蹄扣兜绕于井架双腿上，并用 4 个绳卡固定，卡距 15～20cm。

（2）将游动滑车拉到地面并松开大绳，把拉力表连接环平稳拉至地面，拆掉拉力表连接环，用拉力表专用螺丝连接好拉力表上下环，螺丝上穿好保险销。操作人员手扶游动滑车侧面拉住大钩指挥司机缓慢上提游动滑车。拉力表在上行过程中应有专人扶正，防止刮碰井架损坏拉力表。

（3）装好后的拉力表悬挂在井架腿底部中间，距地面高度 2m，壳体位于井架角铁之间，表面清洁并面向作业机。用绳套将拉力表拴在上方井架横梁上，防止起下管柱时拉力表晃动磕碰井架损坏拉力表。

8. 卡二道绷绳

二道绷绳最小直径不小于 13mm，无断股、断丝、无接头、无硬弯打扭等。将花兰螺丝松到位，用底绳套穿过花兰螺丝环和地锚桩，不少于 2 圈，用 3 个绳卡子卡紧，将二道绷绳穿过花兰螺丝上环拉紧用 2 个绳卡卡紧。绳卡子安装方向符合"U"形环卡在辅绳上的要求，卡距为绷绳直径的 6~8 倍，卡紧程度以钢丝绳变形 1/3 为准。正旋动花兰螺丝至绷绳受力。

9. 校井架

（1）检查各道绷绳、花兰螺丝是否完好。准备好 2 根撬杠。

（2）提放游动滑车观察与井口对中情况。

（3）井架向井口正前方偏离时，用撬杠别住花兰螺丝上环保持不动，用另一根撬杠插入花兰螺丝母套手柄内转动撬杠，松前 2 道绷绳，紧后 4 道绷绳。井架向井口正后方偏离时，松后 4 道绷绳，紧前 2 道绷绳。

（4）向正左方偏离时，松左侧前后绷绳，紧右侧前后绷绳。向正右方偏离时，松右侧前后绷绳，紧左侧前后绷绳。

（5）向左前方偏离时，松左前绷绳紧右后绷绳。向右前方偏离时，松右前绷绳紧左后绷绳。

（6）向左后方偏离时，松左后绷绳紧右前绷绳。向右后方偏离时，松右后绷绳紧左前绷绳。

（7）井架底座基础不平而导致井架偏斜由安装单位负责校正。

（8）校井架时，一定要做到绷绳先松后紧，不能同时松开两道绷绳。倒绷绳时必须卡保险绳。严禁用作业机拉顶井架。

（9）旋转撬杠时按需要的方向转动，两人要配合好，防止撬杠伤人。

（10）井口专人观察，直至校到位。校正标准为天车、游动滑车、井口三点成一线前后不得偏离 5cm。左右不得偏离 2cm。每条绷绳受力均匀，余绳盘成圈。花兰螺丝余扣不少于 10 扣，便于随时调整。

10. 搭管杆桥

（1）检查井场地面是否平整，检查桥座是否完好。管、杆桥摆放位置要合理，确保逃生路线通畅。管、杆桥下铺好防渗布，四周围起 20cm 高的围堰。

（2）优选在井架侧面搭建油管桥及抽油杆桥。搭管杆桥时各岗位密切配合防止磕碰。桥座摆放平稳牢固，抬油管时轻抬轻放。管桥搭在距井口 2m 处，管桥搭 3 道桥，相邻两道桥间距 3~3.5m，管桥距地面高度不低于 0.3m，每道桥 5 个支点。杆桥搭 4 道桥，相邻两道桥间距 2~2.5m。杆桥距地面高度不低于 0.5m，每道桥 4 个支点。

（3）管杆桥搭好后检查整体摆放位置是否平整牢固。

11. 挖导流沟搭操作台板

（1）施工前在井口周围围 20cm 高的土堰，挖出导流沟，在井场旁挖 1.5m³ 的溢流坑，分别铺好防渗布。溢流坑应用警示带围好。

(2)根据井口操作需要,选择合适数量的操作台板、支架。摆放好操作台支架,铺好操作台板。保证操作台板完好无损,没有异物,基础应搭设平稳牢固。

12. 吊装液压油管钳

(1)操作人员系好安全带。用大钩将小滑轮和直径不小于12.5mm的钢丝绳带到井架适当位置(18m井架在井架两段连接处),将安全带保险绳绕过井架拉筋扣好。先把小滑车固定在井架连接处的横梁上。根据需要调整小滑轮位置使其在横梁的左侧或右侧,不能将其固定在横梁中间。再将钢丝绳从小滑轮穿过,钢丝绳一端从井架后穿过,另一端从井架前方顺至井口,钢丝绳一端用与钢丝绳匹配的2个绳卡子与液压钳吊筒连接。另一端固定在作业机绞车上。

(2)专人指挥操作绞车,吊装钳体至井口上方适当位置,将钳体推向井口,看钳体是否平正,如不平调整液压钳调平机构的前、后螺钉使之平正。将一段直径不小于13mm的钢丝绳一端穿过钳体尾部的尾绳螺栓,用2个绳卡卡紧,另一端绕过井架左侧(或右侧),用2个钢丝绳卡卡紧。保证液压钳能自由拉向井口,不影响正常工作,尾绳跟尾绳环高度齐平,尾绳不能过长,以液压钳咬住油管尾绳绷直为宜。检查、清洗2条液压管线的接头,按进出循环回路,将通井机上的液压泵与液压油管钳连接牢固。

13. 接洗井地面管线

(1)洗井管线连接必须用钢制管线,进口装好单流阀,管线长度应大于20m。

(2)检查管线是否畅通,螺纹是否完好,检查活动弯头、活接头是否完好灵活,检查大锤手柄是否牢固可靠。确定管线走向、布局合理。将管线一字摆开,首尾相接,接箍端朝井口。将活接头卡在油(套)管闸门上,与进口管线连接起来。并用榔头将活接头从井口向水泥车方向砸紧,保证已砸紧的活接头不卸扣(水泥车上一般为带套活接头)。砸管线时注意观察周围人员,避免造成伤害。

(3)出口进干线或和回收罐相连,出口管线不准有90°的急弯,并要求固定牢靠。同时严禁进、出口管线在同一方位,必须在井口的两侧。

(4)用油管支架将管线悬空部分架好。

14. 试提抽油杆

(1)各岗位进行检查:井架基础坚实、井架无变形。地锚坚固无松动,绷绳受力均匀,无打结、断股,每扭矩断丝不超过5丝,绷绳端卡子紧固。大绳无压扁、松股、扭折、硬弯,每扭矩断丝不超过5丝。游动滑车、天车、滑轮转动灵活、护罩完好。大钩弹簧、保险销完好、转动灵活、耳环螺栓应紧固。抽油杆吊钩保险销灵活好用、应使用直径不小于16mm的钢丝绳,卡4个绳卡。吊卡本体无变形、腐蚀、裂纹,灵活好用。背钳无裂纹弯曲,尾绳无断丝固定牢靠,松紧度合适。抽油杆防喷器有检验合格证,开关灵活,呈全开状态。设备运转系统正常、刹车灵活可靠。指重表灵敏完好。操作人员选择和清理好逃生通道。

(2)先将驱动头上的防反转装置刹车带的螺丝用扳手缓慢卸松,释放掉井内抽油杆扭力。拆掉驱动装置上部防护网罩,放在工具架上。在距光杆防掉帽10~15cm处卡紧方卡子。

(3)把抽油杆吊卡扣在卡好的方卡子下端,把抽油杆吊钩的绳套挂在大钩内,锁紧保险销,缓慢上提。一人扶住吊钩打开保险销,一人将抽油杆吊卡的吊环放入小钩内,锁紧保险销。撤离井口,派专人观察拉力表、地锚、井架基础。

(4)专人指挥司机缓慢上提,此时转子从定子中旋出时会带动光杆反转,继续上提待光杆停止反转时,证明转子已提出定子。司机刹死刹车,两人同时旋转光杆密封器两边的丝杠,以相同圈数关闭光杆密封器卡紧光杆。

六、反洗井

(1)施工车辆位置摆放合理,接管线前车辆要停稳、熄火、拉紧手制动。

(2)将水泥车与井口管线连接并用大锤砸紧,地面管线试压至设计施工泵压的1.5倍,经5min后不刺不漏为合格。

(3)井口操作人员侧身打开套管闸门打入洗井工作液。洗井时有专人观察泵压变化,泵压不能超过油层吸水启动压力。排量由小到大,压力正常后逐渐加大排量,排量一般控制在$0.3 \sim 0.5 \mathrm{m}^3/\mathrm{min}$,将设计用量的洗井工作液全部打入井内。

(4)热洗应保证水质清洁,水量不低于井筒容积的2倍,水温不低于70℃。洗井过程中,随时观察并记录泵压、排量、出口排量及漏失量等数据。泵压升高洗井不通时,应停泵及时分析原因进行处理,不得强行憋泵。

(5)洗井施工期间操作人员不得跨越管线,打高压时远离管线,进入安全区域。

(6)洗井结束后关闭套管和生产闸门,管线放空后拆卸管线。稳压30min,平衡井内压力。侧身打开油套管闸门,无溢流或溢流量小,准备拆井口设备。

七、拆螺杆泵驱动装置

(1)检查吊装绳套是否完好,驱动装置上的吊装环是否上紧完好。

(2)确定指挥人员,岗位分工明确,清理井口场地。

(3)将生产闸门关严,倒好井口流程。侧身打开油套闸门放出内腔余压。打开光杆密封器,指挥司机缓慢下放光杆,使方卡子距驱动头10~15cm。关闭光杆密封器。指挥司机缓慢下放滑车,证实卡牢光杆。

(4)卸掉方卡子及防掉帽,用专用扳手将压盖卸掉,分别取出上压片、密封圈及下压片。放置在工具架上(如压盖上有顶丝,应先将顶丝卸开)。

(5)在地面上紧提拉杆防掉帽,在距防掉帽10~15cm处卡紧方卡子。将提拉杆与光杆对好扣用手上不动时,再用管钳上紧。把吊卡扣在提拉杆方卡子下端,指挥司机下放滑车,一人扶住吊钩打开保险销,一人将抽油杆吊卡的吊环放入小钩内,锁紧保险销。撤离井口。

(6)指挥司机缓慢上提,待光杆承受负荷时停止,打开光杆密封器,下放光杆,把转子坐入定子内,摘掉抽油杆吊卡,卸掉方卡子及防掉帽。

(7)把钢丝绳套挂牢在驱动装置吊装环上,下放滑车把绳套放入大钩内锁好保险销。操作人员用大锤、死扳手将井口螺丝砸松,卸掉螺丝,拆掉油管生产闸门处的卡箍,放置在工具架上。棕绳拴牢在驱动装置下部。

(8)操作人员拉住牵引绳,指挥司机缓慢吊起驱动装置至提拉杆以上合适高度,指挥司机缓慢下放,同时操作人员把驱动装置拉向不妨碍施工的地方摆正,用防渗布盖好。

第二节　起原井螺杆泵管柱

一、起锥螺纹杆

（1）将外加厚变头连紧在抽油杆防喷器下，用绳套将抽油杆防喷器拴牢平稳吊起，吊至提拉杆上方对中提拉杆缓慢下放平稳通过提拉杆，与井口连接紧。

（2）将防掉帽上紧在提拉杆上，在距防掉帽10~15cm处卡紧方卡子。从大钩内摘下抽油杆吊钩。拆掉大钩耳环螺栓上的保险销，卸掉螺母，抽出螺栓，装入吊环，再将螺栓穿入耳环，上紧螺母插好保险销。指挥司机缓慢上提，井口操作人员握住吊环挂入吊卡两个耳朵内，插上销子锁好。操作人员撤离到安全区域。

（3）指挥司机缓慢上提光杆，待光杆停止旋转露出接箍后，扣上锥螺纹杆吊卡锁好手柄销，下放光杆坐在吊卡上。操作人员调整好的背钳和管钳，一人将背钳按顺时针卸扣方向搭在第二根锥螺纹杆接头四棱处，一人用管钳按逆时针方向搭在光杆接头上双手一正一反握住管钳，双腿前后叉开，平稳用力使背钳受力，然后用力将扣卸松，再将管钳按逆时针方向送到另一人手中，循环卸扣。卸扣完毕摘掉管钳、背钳，指挥司机缓慢提出光杆，由井口人员将光杆送到地面拉抽油杆人员手中，指挥司机平稳下放，后撤一步并随着游动系统方向观察。

（4）拉送抽油杆人员将通道清理干净无障碍物，拉住光杆后端随时注意游动系统和井口动态，用与光杆下行的速度平稳将光杆拉到杆桥上。

（5）待光杆落在桥枕上，井口人员摘掉吊卡销子拉出吊环，挂入井口吊卡上。指挥司机上提，井口人员后撤一步随着游动系统方向观察，待下一根锥螺纹杆接箍提出井口后，将锥螺纹杆吊卡扣在接箍下端锁好手柄，按上述操作直至起出全部抽油杆及转子。卸掉抽油杆防喷器。

（6）施工人员各负其责，紧密配合，服从指挥。起杆时带出的液体及时进罐回收。起锥螺纹杆过程中注意随时检查锥螺纹杆吊卡、吊环、管钳、背钳是否安全好用。随时观察油套管溢流情况，发现有井涌立即关防喷器及套管闸门。观察修井机、井架、绷绳和游动系统的运转情况，发现问题立即停车处理。

（7）起出的锥螺纹杆每10根一组排列整齐，悬空端长度不得大于1m。检查锥螺纹杆及井下工具，杆上面严禁摆放工用具和人员走动。

二、安装防喷器

（1）按施工设计要求选择合适压力等级的防喷器及与井内管柱尺寸匹配的旋塞阀。检查防喷器、旋塞阀合格证，开关灵活，呈全开状态。将旋塞阀及其扳手放置在距井口2m内的工具架上。

（2）将井口四通及防喷器的钢圈槽清理干净，并涂抹黄油，将完好的钢圈放入钢圈槽内。

（3）用绳套将防喷器拴牢，拴好牵引绳。拉住牵引绳将防喷器平稳吊起到井口四通上方，扶正防喷器下放坐在四通上，拆掉牵引绳。转动防喷器确认钢圈入槽、上下螺孔对正和方向方便施工与开关，上全连接螺栓，对角上紧，摘下绳套。

（4）防喷器安装后，应保证防喷器的通径中心与天车、游动滑车在同一垂线上，垂直偏差不得超过 10mm。

（5）防喷器连接后,进行压力试验检查连接部位密封性。进行关闭和打开闸板的操作,检查灵活程度,开关无卡阻,方可使用。

三、试提、倒出油管头

（1）各岗位应进行安全巡回检查,井架基础坚实、井架无变形。绷绳受力均匀,无打结、断股,每扭矩断丝不超过 5 丝,绷绳端卡子紧固。地锚坚固无松动,大绳无压扁、松股、扭折、硬弯,每扭矩断丝不超过 5 丝。游动滑车、天车、滑轮转动灵活、护罩完好。大钩弹簧、保险销完好、转动灵活、耳环螺栓应紧固有保险销。吊环无变形、腐蚀及磨损,吊卡本体无变形、腐蚀、裂纹,月牙、手柄灵活可靠。吊卡销子应使用磁性或卡环防震脱吊卡销子并拴牢保险绳。液压钳配件完整灵活、悬吊牢靠,吊绳、尾绳无断丝固定牢靠,松紧度合适。背钳无裂纹弯曲,尾绳无断丝固定牢靠,松紧度合适。设备运转系统正常、刹车灵活可靠。拉力表灵敏完好。提升短节本体、螺纹完好,操作人员选择和清理好逃生通道。

（2）确认井口流程正常,套管闸门打开。将提升短节上连紧一根短节与油管头对正扣用手上不动时,用管钳上紧。将吊卡反扣在上部短节上,把直径不少于 19mm 以上的钢丝绳套两端按相反方向分别从四通两侧下穿过,将绳套两端分别挂到反扣的吊卡耳朵内,插上吊卡销子。绳套中部挂在大钩内,操作人员撤离井口,指挥司机缓慢上提 120kN,操作人员上前侧身用扳手将顶丝松到位。

（3）下放摘下钢丝绳套,摘下吊卡扣在提升短节上关闭月牙,锁好手柄销,指挥司机下放滑车将吊环挂入吊卡,插好吊卡销子,人员撤离井口。

（4）专人观察后绷绳、地锚桩、井架基础,专人指挥作业机司机缓慢提升,观察拉力表读数。悬重不超过井内管柱悬重 200kN。

（5）油管头平稳提出防喷器后,在井内第一根油管接箍下扣好吊卡,关闭月牙锁好手柄销。下放管柱坐在吊卡上,调整好背钳、管钳,把背钳按顺时针方向搭在油管接箍上,用管钳卸松油管头后,两人用手卸掉油管头抬下,放在工具架上。

四、装防喷器简易自封

（1）把检查合格的防喷器自封胶皮芯子和压盖抬到井口油管接箍上座好,用手扶住,将提前吊好的油管慢慢地插入自封芯子中,将手撤回。

（2）搭好背钳,用另一把管钳卡在自封压盖以上油管的 10cm 左右,下压管钳边转油管,边使油管通过自封胶皮芯子与下面油管接箍内螺纹对正上紧。

（3）两人抬起自封检查油管螺纹是否上紧,否则重上一直到油管螺纹上紧为止。

（4）上提油管,摘掉吊卡,将防喷器上法兰钢圈槽擦干净抹好黄油,慢慢下放油管使防喷器自封胶皮芯子下的胶圈坐入防喷器上法兰钢圈槽内,将压盖放平正,上全连接螺栓,对角上紧。

五、起油管

（1）井口操作人员双手抓住吊环,同时侧身将吊环挂入吊卡两个耳朵内,插好吊卡销子,后撤一步随着游动系统方向观察。指挥司机缓慢平稳上提油管,待露出第二根油管接箍,下端能坐入吊卡时停止,井口操作人员分别握住吊卡两个耳朵抬起吊卡,扣在接箍下端,关闭吊卡月牙,锁好手柄销。下放,将油管坐在吊卡上。

(2)调整好背钳按顺时针方向搭在油管接箍上。结合作业机与齿轮泵的挂合,将液压钳上卸扣旋钮调至卸扣方向。将变速挡手柄扳到低速挡位置,再将钳体开口推拉向井口油管,油管进入开口腔内,操作人员一只手稳住钳头,另一只手轻拉操作杆使背钳初步卡紧接箍,尾绳受力,再将操作杆拉到最大位置,开始卸扣。扣卸松后操作杆回中位,再挂高速挡卸扣。卸扣过程中操作人手一定要始终握住操作杆,不能让操作杆向中间位置回动,绝对不能用手触摸运动部件,如发生故障,应停泵检修。卸扣时要将扣完全卸开,防止崩扣伤人。液压钳操作手当感觉到轻微跳扣震动时,证明卸扣完毕,及时挂低速挡再将操纵杆推到相反最大位置,使开口齿轮正转,当开口齿轮、壳体缺口复位,立即撒手,使操作杆回到中位。用手推钳尾部的侧面把手,将钳体开口从油管本体退出,摘掉背钳。操作液压钳时尾绳两侧不准站人,严禁两个人同时操作液压钳。

(3)指挥司机平稳将油管提出接箍,井口操作人员将油管送到拉油管人员手中,同时后撤一步随着游动系统方向观察。司机缓慢下放油管,拉油管人员将油管外螺纹放到小滑车内,用管钳拉动油管与下放油管保持同速使小滑车向后滑行。拉送油管人员应站在油管侧面,同时观察游动系统运转的方向,拉油管姿势要正确,双手一正一反握住管钳,两腿前后分开向后移动。

(4)油管下放到桥枕后,刹住刹车。井口操作人员上前拔出吊卡耳朵上的销子,同时双手将两只吊环从吊卡的两个耳朵内拉出。司机缓慢上提滑车,井口操作人员同时侧身双手将吊环挂入吊卡两个耳朵内,插上销子并锁紧。后撤一步随着游动系统方向观察。

(5)重复以上操作,起出全部油管。起泵前及时将自封倒出,起出泵、井下工具及尾管。在防喷器内投入全封棒,关闭防喷器及套管闸门。

(6)起出的油管每10根一组排列整齐,检查管柱及井下工具做好记录。油管上面禁止放任何物件和行走。

(7)起管时随时观察油套管溢流,有井涌现象立即关防喷器及套管闸门装好油管旋塞阀。并及时将油管内流出的液体进罐回收,不能乱排乱放。

(8)施工人员各负其责,紧密配合,服从指挥。起油管过程中注意随时检查手柄销子、月牙、背钳是否安全好用,严禁挂单吊环。随时观察修井机、井架、绷绳和游动系统的运转情况,发现问题立即停车处理。五级风以上、雷雨天、雾大视线不清时禁止作业。

第三节 配 管 柱

一、刺洗检查油管抽油杆

用蒸汽刺洗油管时注意各部位连接情况,防止烫伤。油管螺纹完好,内外壁清洁,接箍、油管无裂痕、无孔洞、无弯曲、无偏磨,管内无脏物。油管自然平行度和内径椭圆度能通过内径规(ϕ62mm 油管用 ϕ59mm × 800mm 的内径规;ϕ76mm 油管用 ϕ73mm × 800mm 的内径规)。刺洗抽油杆时要求螺纹完好,无弯曲,本体清洁,无脏物。及时将刺洗掉的污油污水回收。

二、丈量油管

(1)丈量油管(抽油杆)时,不得少于 3 人,反复丈量 3 次。使用检测合格有效长度为 15m 以上的钢卷尺。一人将钢卷尺"0"刻度对准油管(抽油杆)接箍端面,另一人拉直钢卷尺至油管(抽油杆)螺纹根部,并读出油管(抽油杆)单根长度,第三人将油管(抽油杆)长度记录在油管(抽油杆)记录纸上。

(2)按每 10 根油管(抽油杆)一组的顺序依次累计各组油管(抽油杆)长度,在油管(抽油杆)记录纸上标出各组油管(抽油杆)的累计长度。三人三次丈量的管柱累计长度误差不大于 0.02%。

(3)将丈量好的油管(抽油杆)整齐排列在油管(抽油杆)桥上,每 10 根一组,以井口方向按下井顺序排列。

三、组配管柱结构

(1)将欲下井的螺杆泵用桥座架起,摆放平稳,将管钳背在泵头,用管钳打在转子接头部位将转子按逆时针方向缓慢旋出,将转子摆放在杆桥上。

(2)组装泵时,用管钳将延伸管涂抹密封脂后连紧,在提升短节上装好油管扶正器,涂好密封脂后与延伸管连紧。螺杆泵尾部涂抹密封脂依次将油管锚、活堵、筛管(或者按照设计要求连接下井工具)用管钳依次将下井工具连紧。油管锚轨道上要涂抹黄油,并使油管锚处于解封状态。将转子、变扣、提升短节用管钳依次连紧放置在抽油杆桥上。

(3)管柱结构应满足施工设计要求。下井管柱要有下井工具、管柱结构示意图,注明各种下井工具的名称、规范、型号及下井深度。

(4)管柱配好后要与出厂合格证、施工设计、油管记录对照,多余或换掉的油管、抽油杆去掉,摆放到其他地方,核实无差错方可下井。

(5)以机械采油井管柱设计的泵挂深度和尾管完成深度组配。即计算方法为:

泵挂深度 = 油补距 + 油管挂长度 + 油管累计长度 + 泵筒吸入口以上长度

第四节　下完井螺杆泵管柱

一、下泵管柱

(1)各岗位应进行检查,井架基础、井架无变形等缺陷。绷绳受力均匀,无打结、断股,每扭矩断丝不超过 5 丝,绷绳端卡子紧固。地锚坚固无松动,大绳无压扁、松股、扭折、硬弯,每扭矩断丝不超过 5 丝。游动滑车、天车、滑轮转动灵活、护罩完好。大钩弹簧、保险销完好、转动灵活、耳环螺栓应紧固。吊环无变形、磨损及腐蚀,吊卡本体无变形、腐蚀、裂纹,月牙、手柄灵活可靠。液压钳配件完整灵活、悬吊牢靠,吊绳、尾绳无断丝固定牢靠,松紧度合适。背钳无裂纹弯曲,尾绳无断丝固定牢靠,松紧度合适。设备运转系统正常、刹车灵活可靠。指重表灵敏完好。操作人员选择和清理好逃生通道。

(2)侧身先打开套管闸门后开防喷器,取出全封棒。

（3）拉送油管人员先将欲下井尾管接箍端抬到油管桥枕上，再将尾管尾端放在小滑车上。井口操作人员同时握住吊卡两个耳朵抬起，将吊卡扣在油管接箍下端，关闭月牙，锁紧手柄。翻转180°使月牙朝上。指挥司机下放游动滑车，井口操作人员同时握住吊环挂入吊卡的两个耳朵内，插上吊卡销子锁紧，拉住吊环。指挥司机将油管平稳提起。待吊卡提过井口，井口操作人员松开吊环后撤一步随着游动系统方向观察。

（4）拉送油管人员必须站在油管滑道外侧，用管钳拉住油管，司机吊起油管，防止吊起的油管前蹿刮井口。油管上行时保持同速前行，同时观察井口人员和游动系统运转的方向，平稳地将油管送至井口操作人员手中。将小滑车推回，待前方上管人员将欲下井第二根油管接箍端抬到油管桥枕上后，拉送油管人员将油管外螺纹放在小滑车上。

（5）井口操作人员接到油管后双手扶住油管对中井内油管并上紧，待油管接箍顺利通过四通及套管短节后松开油管，依次按照设计将尾管下完。

（6）抬螺杆泵时一定要轻抬轻放，操作人员将螺杆泵前端放置在油管桥枕上，筛管外螺纹放在小滑车上。井口操作人员将吊卡扣在提升短节上，挂上吊环，指挥司机平稳吊起。拉管人员再抬上下一根油管前端放到桥枕上尾端放到小花车上并涂好密封脂，井口人员指挥司机下放螺杆泵并扶正筛管与井内油管对接后，一人按逆时针方向搭好背钳，另一人调整好上扣管钳按顺时针方向搭在筛管上，旋转管钳上紧扣，严禁用液压钳上扣。摘下背钳、管钳，指挥司机上提管柱，摘掉井口吊卡扣在下一根油管上锁好手柄销，指挥司机平稳下放，螺杆泵入井时井口人员双手扶正泵体防止刮碰井口。

（7）当吊卡平稳坐在井口时两人同时摘下吊环挂入下一根油管吊卡耳朵上，锁好吊卡销子手扶吊环，指挥司机上提油管至超过井口适当高度，拉管人员再抬上第二根油管接箍端放到油管枕头上尾端放到小滑车上涂好密封脂。井口人员把简易自封抬放在井口油管接箍上面，下放油管通过自封芯子和井内油管连接并上紧扣，指挥司机上提，摘掉吊卡扣在下一根油管上并锁好手柄销，反转180°。指挥司机下放油管吊卡坐在简易自封压盖上，用扳手上紧螺丝。收然后上提管柱至露出接箍检查螺纹是否上紧确认后下放（套管改生产，严禁放喷敞口下管柱。井内排出液体及时进罐回收）。待油管吊卡平稳坐在井口后，井口操作人员上前同时拔出销子，双手拉出吊环挂在下一根油管吊卡两个耳朵内，插好吊卡销子并锁紧，指挥司机上提油管。

（8）井口操作人员接到第二根油管后将油管与井内油管对正，指挥司机下放油管将外螺纹坐入井内油管内螺纹内，搭好背钳，把液压钳上盖上卸扣旋钮调至上扣方向，挂入高速挡按规定的扭矩将油管螺纹上满、旋紧，保证不渗、不漏、不脱（推荐最佳上紧扭矩：钢级为 J－55 通称直径为 62mm 非加厚油管 1.45kN·m，钢级为 J－55 通称直径为 76mm 非加厚油管 2.04kN·m。）将液压钳挂入低速挡，把操纵杆拉到最大位置，使开口齿轮反转，当开口齿轮、壳体缺口复位时，退出。摘下背钳。摘掉井口吊卡，将油管平稳下入。如此操作下完管柱。

（9）下完泵上第一根油管后，试坐油管锚，上提管柱 1m，缓慢下放管柱坐油管锚，试坐成功后，上提管柱 1m 解封，然后继续下管柱。当管柱下至一半时，再次试坐油管锚。

（10）下油管摘换吊卡时，上提高度不应超过 40cm，防止油管锚坐封。如坐封可缓慢上提管柱 1m 以上，再缓慢下放管柱解封。下到设计井深最后几根时，下放速度不超过 5m/min，防止因长度误差顿弯油管。

（11）油管下到最后一根时，侧身关上套管生产闸门，打开套管放空闸门，倒掉简易自封。将清洗干净检查完好的油管头抬至井口，将油管头下方外螺纹坐入井内油管母螺纹内，用手逆时针方向转1～2圈，对正扣后用手顺时针方向上扣，上不动时，搭好背钳，用管钳上紧。把吊卡扣在提升短节上锁紧手柄，挂好吊环，指挥司机上提，摘掉油管头下面的吊卡，对好井口平稳坐入四通内。

（12）指挥司机缓慢上提管柱70～80cm左右后，缓慢下放，观察油管锚是否坐封，坐封后油管头上平面与四通上平面之间的距离5～10cm之间，如果坐封尺寸不合适，可反复几次，直至达到要求。将吊卡反扣在提升短节上，锁好手柄。把直径不少于19mm的钢丝绳套两端按相反方向分别从四通两侧下穿过，将绳套两端分别挂到反扣的吊卡耳朵内，插上吊卡销子。将钢丝绳中部挂在大钩内，井口人员撤离井口。指挥司机缓慢上提，将油管头勒入到四通内，操作人员侧身对角关闭顶丝。下放大钩将绳套取出。用管钳卸松提升短节后用手卸掉，放置在工具架上。

（13）施工人员各负其责，紧密配合，服从指挥。下油管过程中注意随时检查手柄销子、月牙、背钳是否安全好用，随时观察修井机、井架、绷绳和游动系统的运转情况，发现问题立即停车处理。五级风以上、雷雨天、雾大视线不清时禁止作业。

第五节　下锥螺纹抽油杆

一、拆防喷器

将防喷器螺丝对角砸松卸掉，把钢丝绳套拴牢在防喷器吊环上，挂在大钩内锁紧保险销，拴好牵引绳。由专人扶住防喷器防止刮碰流程，指挥司机缓慢上提吊离井口后井口人员撤离井口，继续上提至合适高度，指挥司机缓慢下放。同时操作人员拉住牵引绳将防喷器平稳拉至地面，摘下绳套、牵引绳。清理干净后收回工具房。

二、下锥螺纹杆

（1）各岗位进行安全巡回检查，井架基础坚实、井架无变形等缺陷。绷绳受力均匀，无打结、断股，每扭矩断丝不超过5丝，绷绳端卡子紧固。地锚坚固无松动，大绳无压扁、松股、扭折、硬弯，每扭矩断丝不超过5丝。游动滑车、天车、滑轮转动灵活、护罩完好。大钩弹簧、保险销完好、转动灵活、耳环螺栓应紧固。抽油杆吊钩无伤痕、腐蚀、裂纹，保险销灵活好用，绳套符合要求。抽油杆吊卡本体无变形、磨损、腐蚀、裂纹，灵活。背钳无裂纹弯曲，尾绳无断丝固定牢靠。设备运转系统正常、刹车灵活可靠。拉力表完好。操作人员选择和清理好逃生通道。

（2）拉杆人员将转子前端的提升短节抬到桥枕上，井口操作人员把锥螺纹杆吊卡扣在提升短节上，锁好手柄销，指挥司机下放游动滑车，井口操作人员同时握住吊环挂入吊卡的两个耳朵内，插上吊卡销子锁紧，拉住吊环。防止挂碰井口。指挥司机缓慢上提，待吊卡高于井口，松开吊环，后撤一步，随着游动系统方向观察。

（3）拉杆人员将通道清理干净无障碍物，拉住转子后端随时注意游动系统和井口动态，待转子吊起后，用与转子上行的速度平稳将转子送至井口人员手中。

（4）井口操作人员扶住转子对中井口,下转子时,速度要慢,切勿损伤转子表面或使其弯曲变形。待转子顺利通过井口后,将另一只吊卡卡在欲下井第一根杆上,后撤一步,随着游动系统方向观察。

（5）司机平稳下放转子,使锥螺纹杆吊卡坐在井口上,井口操作人员上前同时拔出销子,双手拉出吊环挂在另一只吊卡两个耳朵内,插好吊卡销子锁紧,指挥司机上提。高度以抽油杆下端接头对准井口抽油杆上接头为准。

（6）将第一根抽油杆下端接头与井口抽油杆接头对接,把背钳按逆时针方向背牢在井内抽油杆接头的四棱处,上管钳搭在四棱处顺时针方向平稳循环上满扣并按规定扭矩锁紧。指挥司机上提使井口吊卡解除负荷,井口操作人员摘下井口吊卡,扣在下一根抽油杆上锁紧手柄销,后撤一步,随着游动系统方向观察。按上述操作方法下完抽油杆。

（7）下光杆前拆掉大钩耳环螺栓上的保险销,卸掉螺母,抽出螺栓,取出吊环,再将螺栓穿入耳环,上紧螺母插好保险销。将抽油杆吊钩挂在大钩内锁紧保险销,光杆上部连接提拉杆、防掉帽,距防掉帽10～15cm处卡好方卡子。将抽油杆吊卡扣在提拉杆方卡子下端,把抽油杆吊卡环挂入吊钩内,将光杆平稳吊起与抽油杆对接连紧,上提光杆将井口吊卡摘下,井口人员撤离井口,指挥司机缓慢下放。当转子进入定子时,杆柱应顺时针旋转,直至转子坐到泵底,吊卡松弛。丈量光杆方余是否符合要求,如不符合要求可用锥螺纹杆短节进行调整。如符合要求卸掉提拉杆上的方卡子及防掉帽。

（8）施工人员各负其责,紧密配合,服从指挥。下抽油杆过程中注意随时检查抽油杆吊卡、吊钩、管钳、背钳是否安全好用,随时观察修井机、井架、绷绳和游动系统的运转情况,发现问题立即停工处理。五级以上大风等恶劣天气时严禁施工。

第六节　收尾工作

一、安装螺杆泵驱动装置

（1）检查所需工具、绳套、棕绳。确定指挥人员,岗位分工明确。

（2）清理干净四通和生产管线上及驱动装置上的钢圈槽,涂抹黄油,将大、小钢圈放入四通及生产管线卡片上的钢圈槽内。把专用钢丝绳挂牢在驱动装置吊装环上。棕绳拴牢在驱动装置下部。

（3）指挥司机平稳上提驱动装置,调整好平衡,用棕绳将驱动装置拉住,指挥司机缓慢上提,将驱动装置平稳送到井口,上提高度超过提拉杆时停止,扶正驱动装置与提拉杆对正,指挥司机缓慢下放,使驱动装置平稳通过提拉杆坐在井口四通上。转动驱动装置使钢圈入槽,出油口与生产管线对正,上齐上全连接螺栓,对角上紧。生产闸门处用卡箍连紧,摘掉绳套及牵引绳。

二、调防冲距

（1）防冲距高度的确定:上提光杆同时观察拉力表悬重,悬重一旦达到全井抽油杆悬重时再按照以下原则调防冲距。一般原则是800m泵挂深度其防冲距为75cm,900m泵挂深度其防冲距为 85cm,1000m 泵挂深度其防冲距为 90cm。

(2)将防掉帽上紧在提拉杆上,在防掉帽下 10～15cm 处卡紧方卡子。把抽油杆吊卡扣在方卡子下端,把抽油杆吊环挂入吊钩内,操作人员撤离井口。指挥司机缓慢上提光杆,当达到防冲距要求时,司机将刹车刹死,井口人员将光杆封井器关死(以卡住光杆为标准),指挥司机松刹车,缓慢下放大钩,光杆不下移证明已卡住,操作人员方可上前操作。防冲距对好后,光杆外露不超过驱动头卡瓦上平面 50～60cm。

(3)指挥司机下放吊卡,卸掉提拉杆,将下压片、密封圈、上压片依次穿过光杆放入防喷盒内,将压盖穿过光杆用专用扳手上紧。将螺杆泵专用方卡子对准卡槽后卡紧,再上紧光杆防掉帽。

三、释放洗井

(1)光杆防掉帽下端 10～15cm 处打紧方卡子,吊卡扣在方卡子下,上提光杆至井内锥螺纹杆悬重,井口人员将光杆封井器打开,操作人员撤离井口,指挥司机缓慢上提,此时光杆开始旋转至停止旋转时证实转子全部提出定子,关闭光杆封井器。

(2)连接正洗井管线,试压(设计泵压的 1.5 倍),稳压 5min 后不刺不漏为合格。

(3)打开进出口闸门,出口连接回收罐车。正灌满清水,正打压 6～8MPa,观察压力突然下降时,证明活堵打开,继续正洗井。出口进回收罐车或干线,见清水后改进干线。

(4)热洗应保证水质清洁,水量不低于井筒容积的 2 倍,水温不低于 70℃。洗井过程中,随时观察并记录泵压、排量。

(5)洗井完毕后,井口工作人员将封井器打开,指挥司机缓慢下放光杆,操作人员撤离井口,当转子旋转进入定子,方卡子快到驱动头时,操作人员上前将方卡子的卡槽对正卡在驱动头上。

(6)关闭油套管闸门,放空拆管线。将管线抬到油管爬犁上,配件装到工具房。

四、量油

(1)及时通知作业队电工将驱动装置动力线接好,并按要求调整好电动机正反转,确保光杆按顺时针转动。量油前通知采油队技术人员到现场。

(2)打开生产闸门,倒好流程,人员撤离井口及螺杆泵驱动皮带一侧,配合采油队投产,启动电动机同时监测电流,由采油队进行液量计量,如液量正常,量油合格。采油队技术人员认可后签字。停机收尾。

五、收拾井场配件及卫生交井

(1)将游动滑车拉到地面并松开大绳,拉力表平稳拉置地面,拆掉拉力表连接螺丝,装好专用接头,缓慢将游动滑车提起。打开大钩锁销,两人扶住滑车,将固定大钩的钢丝绳套放入大钩内锁好,指挥司机缓慢上提,使各股大绳受力均匀,大钩脖子稍微伸出时停止,操作人员系好安全带,带好工具,上到井架上固定好安全带,用绳卡子将大绳卡紧,下到地面。指挥司机缓慢下放使快绳解除负荷并匀速转动滚筒,操作人员拉住活绳整齐地将大绳盘在井架上。拆掉活绳头上的绳卡子。

(2)起出的井下工具及泵和多余杆、管摆放整齐,及时回收。

（3）井口设备流程与施工前保持一致或按设计执行。刺洗干净,保证齐全,井口螺丝紧固平齐无刺漏。

（4）工具、用具、配件必须清理干净后装在工具房里,池子清理干净,盛液容器必须放空排净。

（5）井场干净、平整及井场外围符合环保要求。

（6）倒好生产流程,投产,与采油队进行交井。

六、施工总结编写

1. 施工总结内容

1）基本数据

套管规范、套管下入深度、人工井底、射孔井段、油层中部深度、射孔层位、原始压力、补心距、套补距、套管法兰短接长度、采油树型号。

2）编写内容

标准井号、施工目的、施工日期、完井管柱示意图、施工内容、备注说明、施工单位、填表人及审核人。

2. 编写要求

（1）整理班报、油管（抽油杆）柱记录,按工艺要求、工序先后顺序总结本次施工过程。做到日期、时间衔接。

（2）按总结表格内容项目进行填写。

（3）填写各项静态数据,应与设计一致,施工中出现补孔、更换井口等,射孔井段、油套补距发生变化,应以变化后录取数据为准。

（4）作业资料录取项目执行相关标准。

（5）井下管柱结构图与管（杆）记录一致,与设计相符。井下管柱结构及井下工具示意图执行相关标准。

（6）施工中遗留问题及井下技术状况,应在总结备注栏内标注清楚。

（7）施工总结中应注明上次管、杆下井日期及厂家。

（8）施工总结应注明抽油杆扶正器组装位置及类型和厂家。

（9）施工总结应注明所有下井泵及工具型号、厂家。

3. 施工总结的上报

施工总结应在施工井完工7天内报施工单位技术部门审核,由技术部门上交或用微机网络传送到厂有关技术部门审核后上公司企业网。

第七节　常用工具

一、螺杆泵

螺杆泵属于特种泵,它通过地面驱动装置,把井口动力通过专用抽油杆的旋转运动传递到井下,驱动螺杆泵工作,将地下的液体抽到地面。

1. 分类

螺杆泵分为单螺杆泵和串联螺杆泵(图4-1)。一节螺杆泵叫单螺杆泵,两节单螺杆泵相联叫串联螺杆泵,下面重点介绍单螺杆泵。

单螺杆泵主要有定子和转子组成。转子是通过精加工,表面经过处理的高强度螺杆。定子就是泵筒,是由一种坚固、耐油、抗腐蚀的合成橡胶精磨成型,然后被永久地黏接在钢壳体内而成。由泵筒、橡胶衬套、转子、限位器等组成[图4-1(a)]。

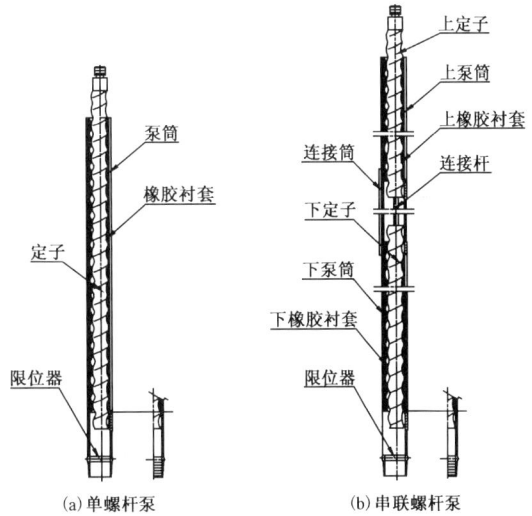

(a)单螺杆泵　　(b)串联螺杆泵

图4-1　螺杆泵

2. 工作原理

螺杆泵是靠空腔排油,即转子与定子间形成的一个个互不联通的封闭腔室,当转子转动时,封闭空腔沿轴向方向由吸入端向排除端方向移运。封闭腔在排除端消失,空腔内的原油也就随之有吸入端均匀的挤到排除端。同时,又在吸入端重新形成新的低压空腔将原油吸入。这样,封闭空腔不断地形成、运动和消失,原油便不端地充满、挤压和排出,从而把井中的原油不断地吸入,通过油管举升到井口。

3. 技术规范

单螺杆泵的技术规范见表4-1,大庆油田有限责任公司采油工程研究院井下螺杆泵系列技术参数见表4-2。

表4-1　单螺杆泵技术规范

型号	基本技术参数								
	泵每转理论排量(mL/r)	泵级数	泵转子联接抽油杆规格	泵外径(mm)	泵定子连接螺纹用油管螺纹规	适用套管直径(mm)	推荐输入转速范围(r/min)	泵日流量范围(m³)	泵额定工作压力(MPa)
GLB28-14	28	14	CRG19	73	2⅞″TBG 或 3½″TBG	≥114	50~300	2~12	5
GLB28-27		27							10
GLB28-40		40							15
GLB75-14	75	14		90				5~32	5
GLB75-27		27							10
GLB75-40		40							15
GLB120-14	120	14	CRG22					8~50	5
GLB120-27		27							10
GLB120-40		40							15
GLB120-40C		40							15
GLB150-40	150	40		102	3½″TBG	≥140		10~64	15
GLB200-14	200		CRG25					14~86	5
GLB200-27									10
GLB200-40									15

表4-2 大庆油田有限责任公司采油工程研究院井下螺杆泵系列技术参数

型号	理论排量（mL/r）	额定扬程（m）	转速范围（r/min）	套管（mm）	油管（in）	抽油杆（mm）	定子连接螺纹TBG（in）
KGLB1200-14	207~432	900	120~250	≥140	$3\frac{1}{2}$	KG42	4
KGLB800-14	138~288	800	120~250	≥140	$3\frac{1}{2}$	KG38	4
KGLB500-14	86~180	800	120~250	≥140	$3\frac{1}{2}$	KG36	4
KGLB280-20	20~68	1000	50~170	≥140	$3\frac{1}{2}$或$2\frac{7}{8}$	φ25	$3\frac{1}{2}$
KGLB200-20	14~48	1000	50~170	≥140	$2\frac{7}{8}$	φ25	$3\frac{1}{2}$
KGLB120-27	8~29	1300	50~170	≥114	$2\frac{7}{8}$	φ22	$3\frac{1}{2}$
KGLB75-40	5~18	1500	50~170	≥114	$2\frac{7}{8}$	φ22	$3\frac{1}{2}$
KGLB40-20	2~9	1600	50~170	≥114	$2\frac{7}{8}$	φ22	$3\frac{1}{2}$

4. 使用操作及注意事项

（1）螺杆泵下井前应检查螺杆泵的出厂标记和出厂合格证，认定该泵是否适用于此油井的需求。

（2）将转子从泵筒中光滑自如旋出，如出现有卡阻、损坏和爆皮等现象禁止下井。

（3）下井的油管、抽油杆应清洗干净，必须保证没有油泥、蜡、碎屑污垢等脏物，防止脏物落入泵筒中影响螺杆泵正常工作及运转。

（4）螺杆泵定子下端连接好螺杆泵锚，并同油管一起按顺序下入设计深度。

（5）把转子装在抽油杆上按顺序下入油管内，直至转子放到定子的限位销上。

（6）调整光杆伸出驱动装置部分长度，最大不超过600mm。

（7）将光杆向上提30cm，使泵转子离开定子限位销一定距离。

二、螺杆泵油管锚

1. 用途

螺杆泵油管锚接在螺杆泵下方，作为锚定作用，减少杆管摩擦，防止管柱向下移动及蠕动，提高泵效。

2. 结构

螺杆泵油管锚的结构，见图4-2。

3. 工作原理

依靠压簧的弹力，造成摩擦块与套管的摩擦力，扶正器通过滑环销钉，沿中心管的轨道槽运动。下管柱时滑环销钉位于轨道 B 点，卡瓦处于收拢状态。

坐锚：将螺杆锚下到设计深度，上提管柱后下放管柱（一般情况下，1000m 油管做卡时，上提管柱850mm），滑环销钉就从 B 点运动到 E 点，卡瓦也就处于撑开坐卡状态，卡瓦牢固地坐在套管内壁上。

解锚：上提管柱滑环销钉由 E 点运动到 A 点，卡瓦在箍簧的作用下收回解锚。

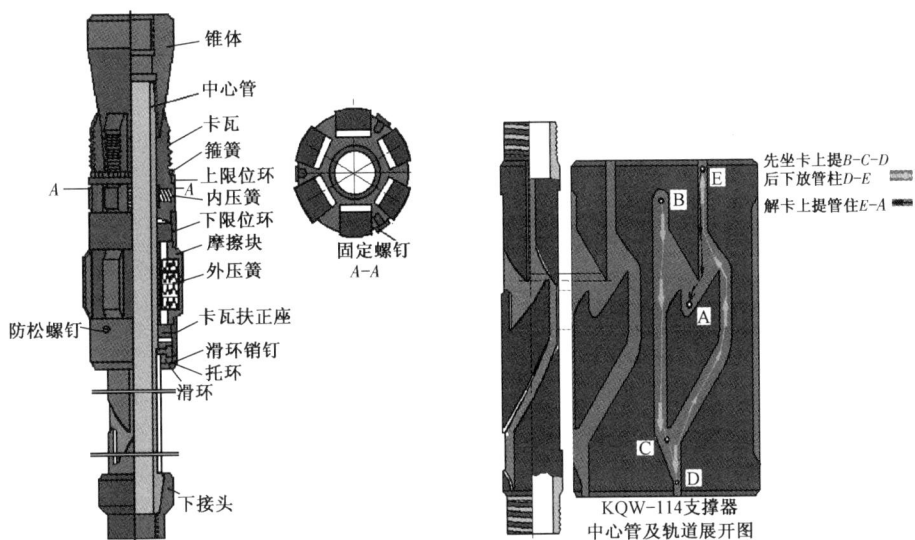

图 4 - 2 螺杆泵油管锚

4. 技术规格

螺杆泵油管锚技术规格见表 4 -3。

表 4 - 3 螺杆泵油管锚技术规格

项目	总长 （mm）	摩擦块张开外径 （mm）	最大外径 （mm）	最小内径 （mm）	防坐距 （mm）	适应套管内径 （mm）
参数	1050	<140	114	50	<350	122～132

5. 使用操作及注意事项

（1）工具下井前要进行通井、洗井。

（2）下井前检查整个卡瓦扶正机构在中心管轨道上滑动灵活,换向自如。检查摩擦块张开外径不小于140mm,最大外径不大于114mm。

（3）坐锚、解锚按照工作原理步骤进行操作。

（4）起下速度;不要超过 1.2m/s。

（5）运输过程应轻装慢放,禁止磕碰。

三、复合式尼龙扶正器

（1）用途:主要用于螺杆泵井的抽油杆扶正,减轻管、杆偏磨。

（2）结构及工作原理:由整块抗磨损的尼龙材料制造,外侧设有十字向筋和油流通道,内侧设有摩擦筋,表面割成 S 型开口,便于安装（图 4 -3）。由于抽油杆柱在油管内转动会引起井口振动及杆柱与管柱的摩擦,所以抽油杆柱必须实施扶正,减轻管、杆偏磨。

（3）复合式尼龙扶正器技术规格见表 4 -4。

图 4 – 3　复合式尼龙扶正器

表 4 – 4　复合式尼龙扶正器技术规格

型号	内径（mm）	外径（mm）	耐冲击力（kN）	适用条件	
				抽油杆（mm）	油管（mm）
FZQ – 22/62	22	62	50	22	62
FZQ – 25/62	25	62	45	25	62
FZQ – 25/76	25	76	60	25	76
FZQ – 28/76	28	76	55	28	76
FZQ – 36/76	36	76	55	36	76
FZQ – 38/76	38	76	50	38	76

（4）使用操作及注意事项。

① 油管、抽油杆内外径必须刺洗干净。

② 安装扶正器必须按设计要求的部位、数量进行。

第八节　常见问题处理

一、试抽时螺杆泵憋压、量油无泵效

在螺杆泵井检泵施工中憋泵、量油时可能会出现泵效不好的情况。具体出现的问题及处理方法见表 4 – 5。

表 4 – 5　螺杆泵憋泵、量油无泵效的原因及处理方法

序号	现象	原因分析	处 理 方 法
1	憋泵不起压	抽油杆脱落	将脱落抽油杆与泵管柱内抽油杆对接后带满扣,起出带紧后在下入泵管柱内
		活堵未释放	观察拉力表转子提出泵筒重新释放活堵,如仍释放未成起出管柱查明原因
		由于活堵未释放开泵内产生真空,转子没有转进定子内	将转子上提,释放开泵堵后,下放转子直至转子全部进入定子内
2	憋泵起压稳不住	流程闸门不严	检查流程闸门关严
		油管头密封圈坏	更换油管头密封圈
		油管螺纹漏失或油管有砂眼	起出泵管柱检查螺纹及油管,涂好密封胶重新下泵管柱

二、管柱下井过程中遇阻的常见原因及处理

(1)如管柱缓慢下行后不动,可能是蜡阻。如果突然遇阻上提无夹持力,井又无溢流,如压井可能是泥浆帽或者是蜡帽。根据管柱性质直接洗井或起出下刮蜡管柱。

(2)如管柱下行过程中突然遇阻,缓慢上提下放或转动无效,而且上提时有轻微的夹持力,分析有可能是套管变形。起出打印或测井落实套管技术状况。

(3)下大直径工具在井口遇阻,起出核实遇阻深度,检查工具表面是否有痕迹,判断是否是套管短节处卷边或变形,检查套管短节内径与下井工具的外径是否匹配,如有问题可换短节,如轻微卷边或变形,可下适的中间胀管器进行挤胀。铣柱下至套管卷边处,用液压油管钳旋转,依靠铣柱上磨铣材料磨铣套管卷边处。

(4)刮蜡、通井管柱遇阻,洗井无效后起出如无变形、划痕。应更换小一级工具。

(5)油管锚下入井内试坐油管锚,试坐不成功,起出换新锚。

三、起下抽油杆常见问题及处理

(1)多年堵死的井反复解堵或解不通,在起抽油杆时出现拔不动或者起抽油杆时有一段一段放炮现象。此时应低速挡慢提抽油杆,做好环保措施。起抽油杆的过程中井口人员挂完抽油杆吊卡后离开井口。

(2)起抽油杆时负荷大,可能有以下原因:① 起抽油杆时负荷大,但能缓慢提起,下放时能缓慢下行或不能下行,可能是蜡卡应大排量反洗井。② 抽油杆扶正器磨损严重掉落在油管内卡住抽油杆。处理方法:首先大排量反洗井,如果负荷不变,采取管杆同步起。

四、抽油杆旋转大绳打扭时处理

螺杆泵井下完井后释放活堵后,因井内压力大带动转子旋转抽油杆转动,导致大绳打扭(大钩脖子不转的情况下)时。处理方法:(1)倒流程该生产的方法放套管压力。(2)压力下降后缓慢下放抽油杆把转子旋进定子内。(3)抽大绳换游动滑车。(4)重新穿大绳。

第五章　机械堵水作业

油井堵水:在油田进入高含水期开发阶段,由于窜槽、注入水突进或其他原因,使一些油井过早见水或水淹。为了消除或减少水淹造成的危害,采取的一系列封堵出水层的井下工艺措施统称为油井堵水。

油井堵水的目的:控制产水层中水的流动和改变水驱油中水的流动方向,提高水驱采油效率,使油田的产水量在在某一时间内下降或稳定,以保持油田增产或稳产,堵水的最终目的在于提高油田采收率。

油井堵水的方法:油井堵水主要有机械堵水和化学堵水两种方法,根据油井出水的原因不同,采取的封堵方法也不同。本章主要介绍机械堵水。

机械堵水是使用封隔器及其配套的控制工具来封堵高含水层,阻止水流入井内。适用于多油层开采时,暂时封堵高含水层,而生产低含水层的油井,并且被封堵的油层在条件许可时解封后可继续采油。机械堵水一般有4种方式,封上采下、封下采上、封中间采两头、封两头采中间。对一口井究竟采用哪种方式,要视每口井层位多少和出水层位置及数量而定,然后配以合适的堵水管柱,即可达到堵水的目的。

第一节　常用的常规机械堵水管柱

一、整体式堵水管柱

整体式堵水管柱与生产管柱合为一体,其下部为堵水管柱,上部为抽油泵管柱。

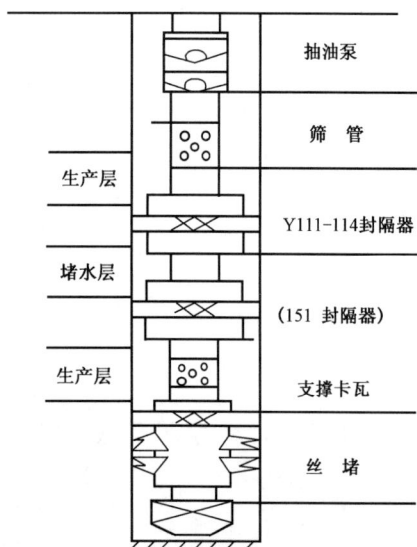

图 5 - 1　卡瓦支撑整体式堵水管柱

1. 管柱结构

整体式堵水管柱主要由 Y111 - 114 型封隔器和支撑卡瓦或 Y221 - 114 型封隔器组成,图 5 - 1 所示。Y111 - 114 型封隔器为尾管支撑压缩式封隔器,支撑方式可用卡瓦支撑,最简单的方法是管柱直接支撑井底。Y221 - 114 型封隔器为单向卡瓦支撑压缩式封隔器。

2. 工艺特点

整体式堵水管柱随生产管柱一同起下,施工简便,但堵水管柱的寿命取决于生产管柱的生产周期,并且在泵抽时,管柱上下蠕动,影响封隔器的密封性。目前这类管柱用量在逐渐减少。

3. 适用范围

整体式堵水管柱适用于 φ56mm 以下无自喷能力

的深井堵水,最多只能封堵两个层段。

4. 应用方法

Y111 - 114 与 Y221 - 114 型封隔器可以单独使用,也可以组合使用,并可以根据不同工艺需要与各种井下工具配套组成多钟工艺管柱。

二、平衡式堵水管柱

平衡式堵水管柱主要通过各封隔器之间力的平衡,保持堵水管柱在无锚定条件下处于稳定静止状态,实现油层堵水。平衡式堵水管柱是目前用于有杆泵抽油井堵水的主要形式,已形成适用于 $\phi140mm$ 套管井、$\phi168mm$ 套管井、$\phi178mm$ 套管井和最小通径大于 $\phi100mm$ 的 $\phi140mm$ 套管损坏井 4 种系列。

1. 管柱结构

平衡式堵水管柱主要由丢手接头和 Y341 型封隔器及偏心配产器等组成,如图 5 - 2 所示。为适应油田不同套管井的堵水,目前堵水封隔器已由 Y341 - 95 型、Y341 - 117 型和 Y341 - 146 型封隔器系列组成。

2. 工艺特点

平衡式堵水管柱无卡瓦支撑,结构简单,起下安全,封隔器密封性能好,平均使用寿命 2 年以上。解封可靠,能封堵多个高含水层。

3. 适用范围

平衡式堵水管柱用于机采井堵水,也可以用于定向井堵水。对于 $\phi83mm$ 以上有杆泵井的堵水,选用有活门平衡丢手堵水管柱;对于 $\phi70mm$ 以下有杆泵井的堵水,选用无活门平衡丢手堵水管柱。

4. 应用方法

如需要调整堵水层位,只要下入打捞管柱将堵水管柱捞住后,直接上提封隔器即可解封。当用于定向井堵水时,在堵水封隔器两端加刚性扶正器,以保证封隔器居中,提高了封隔器在定向井中的密封率。堵水层光油管通过,生产层有爆破阀。完成封隔器坐封后,提高油管压力,打开爆破阀,实现油套连通。

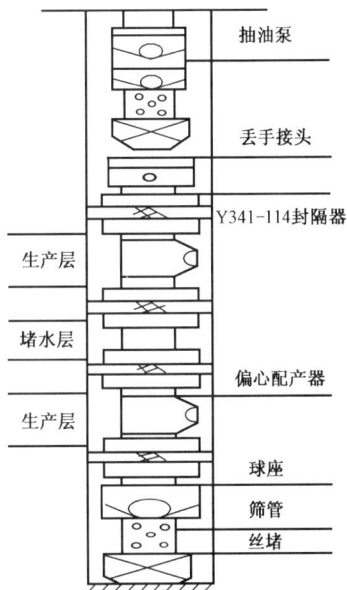

图 5 - 2 平衡式堵水管柱

三、卡瓦悬挂式堵水管柱

卡瓦悬挂式堵水管柱与生产管柱脱开,堵水管柱由双向卡瓦封隔器悬挂,进行水力坐封,封堵高含水层。

1. 管柱结构

卡瓦悬挂式堵水管柱由丢手接头、Y441 - 114 或 Y445 - 114 型封隔器、Y341 - 114 型封隔器、偏心配产器和丝堵组成,如图 5 - 3 所示。

2. 工艺特点

卡瓦悬挂式堵水管柱与生产管柱脱开,可任意多级使用,封堵多个高含水层。由于封隔器处于自由悬挂状态,坐封时,封隔器居中,密封率高,泵抽生产和检泵作业对堵水管柱无影响。缺点是管柱结构复杂,施工周期长,易砂卡。

3. 适用范围

卡瓦悬挂式堵水管柱适用于大泵井和电动潜油泵井多层堵水。

4. 应用方法

由于该类堵水管柱为卡瓦悬挂式,施工时可不必冲砂至人工井底,管柱下至预定位置后,通过水力实现坐封、丢手;可封堵多个高含水层段,上提管柱实现解封。对于出砂严重,易造成封隔器胶筒以上部分钢体砂埋,致使封隔器解卡难的井,可选用 Y445-114 型可取可钻封隔器。该封隔器自身带有卡瓦,用于悬挂整体堵水管柱,和 Y341-114 型封隔器配套使用可封堵任意层,并实现不压井起下作业。需要起出管柱时,下入专用打捞工具,上提管柱即可将封隔器解封。如果少数井出现封隔器不解封的现象,可以下入专用钻铣工具将封隔器的锁紧机构钻铣掉,使之解封。

四、可钻式封隔器堵水管柱

1. 管柱结构

可钻式封隔器堵水管柱主要由 Y433-114 型封隔器等井下工具组成,如图 5-4 所示。

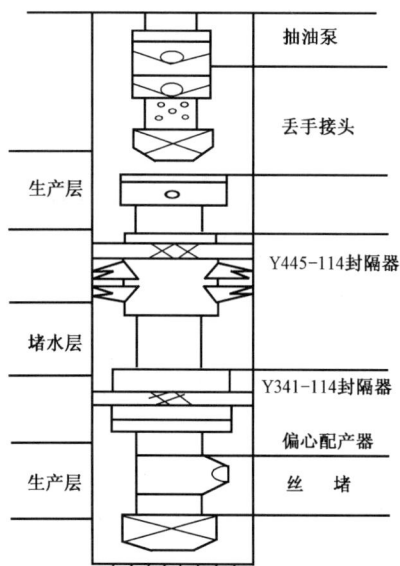

图 5-3 卡瓦悬挂式堵水管柱

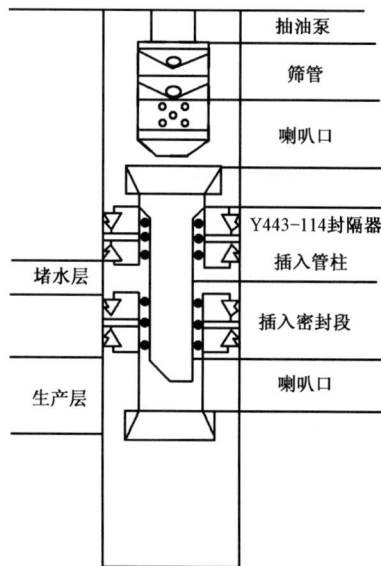

图 5-4 可钻式封隔器堵水管柱

2. 工艺特点

通过调整插入密封系统,能进行分层堵水。分层改造(酸化、压裂)。由于插入系统的外径小,起下简便,只要套管内径变小到允许起下插入系统。就可对油井进行对谁或改造措施,因此该管柱具有多功能的提点。不足之处是如果更改封隔器位置,只能钻铣,工作量大。

3. 适用范围

该类管柱适用于封堵层系、堵底水、套变井堵水及修复加固后的套损井堵水。

4. 应用方法

可钻式封隔器是一种永久式封隔器,可用管柱或电缆投送,并可多级使用。这种封隔器的工作压差、工作温度是任何可取式封隔器不可比拟的(工作压差可达 100MPa,工作温度可达 150℃)。

逐级下入可钻式封隔器到生产层段与堵水层段之间的夹层,坐封丢手。封隔器可以单级使用,也可多级使用,可以代替水泥塞用于封堵下部高含水层,中心管畅通,下端接活门可单级使用,坐于油层顶界上部,可关闭油层。用于电动潜油泵及有杆泵井不压井检泵作业,在与密封段插入管柱配套使用时,封隔器内孔有光滑密封面与插入管柱上的密封段的密封圈配合;封隔器内孔上部有扩大的内螺纹用以与插入管上的弹簧爪咬紧,防止两者产生纵向位移。利用插入管柱的这些特点,可以封堵一个或几个射孔井段,达到堵水目的;同时也可以起到油管锚的作用,用于提高有杆泵泵效。

第二节　可调层机械堵水管柱

油田进入高含水期开采阶段后,部分油井产液量大,多层高含水。为适应产液结构调整的需要,油井堵水的工作量逐年增加,特别是随着含水的上升,层间矛盾更加突出,地下情况更加复杂,应用动静态资料分析判断高产液、高含水层的准确性降低,影响了机械堵水一次成功率,增加了施工作业成本。针对这种情况,开展了泵抽井正常生产情况下可调层堵水管柱的研究工作。通过几年来的不断攻关,先后研究成功了液压可调层堵水管柱和机械可调层堵水管柱,把找水测试与堵水有机地结合起来,实现了找水堵水技术一体化,提高了堵水成功率,减少了调整作业的工作量。

一、一次性调二层堵水管柱

(1)管柱结构:一次性调二层堵水管柱采用无卡瓦支撑井底平衡丢手管柱,结构如图 5-5所示。

(2)工艺特点。

① 在选层正确时,可以正常封堵;在选层失误时,可不必作业返工,在地面直接调整封堵层位。

② 堵水管柱具有无卡瓦平衡丢手管柱的优点。

③ 井口设备不增加。

(3)适用范围:一次性调二层堵水管柱适用于有两个层段条件相差甚微,其中只有一个层段是高含水层,而且地面无法判断高含水层的油井堵水。

(4)注意事项。

① 管柱必须支撑人工井底。

② 最上一级封隔器必须卡在射孔井段以上。

二、一次性调多层堵水管柱

（1）管柱结构：一次性调多层堵水管柱主要由丢手接头、封隔器、多功能堵水器、泄压器等组成，如图 5-6 所示。

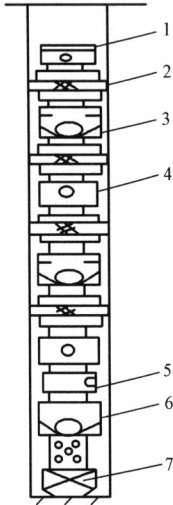

图 5-5　一次性调二层堵水管柱

1—丢手接头；2—堵水封隔器；3—管壁单流阀；
4—液压开关；5—泄压器；6—球座及筛管；7—丝堵

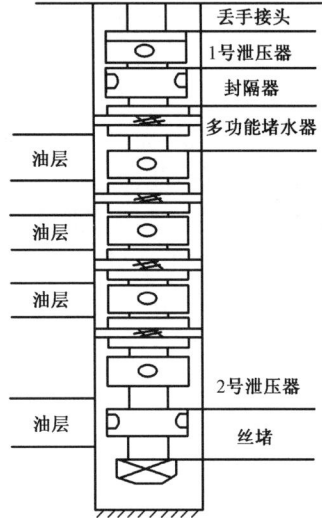

图 5-6　一次性调多层堵水管柱

（2）工艺特点：堵水器可以多级使用，最小卡距 3.0m，可以实现一次调多层的目的，但不能反复调层。堵水器与泄压器配套使用，可以实现不压井作业，达到洗井不压油层的目的。其不足之处在于：调层顺序受到限制，不具备重复调整的功能。

（3）适用范围：适用于多层见水的油井堵水。

（4）注意事项。

① 管柱支撑人工井底。

② 堵水器只能动作一次，不能反复动作。

③ 释放时要逐级加压，不可一次将压力提到最高。

三、液压滑轨可调层堵水管柱

（1）管柱结构：液压滑轨可调层堵水管柱主要由丢手接头、封隔器、液压滑轨开关、球座和筛管等工具组成，如图 5-7 所示。

（2）工艺特点：最多可使用三级，最小卡距 3.0m，可实现反复调层，提高了堵水成功率。

（3）适用范围：适用于各种泵抽管柱，调层方便，适应性强。每次只能封堵一个层，生产两个层，不能满足多层高含水油井堵水的需要。

（4）注意事项。

① 管柱支撑人工井底。

② 释放时要逐级加压,不可一次将压力提高到最高。

四、悬挂式细分堵水管柱

(1)管柱组成:悬挂式细分堵水管柱主要有带有滑套开关的悬挂式机械堵水管柱及新型移位开关仪两部分组成,如图5-8所示。两者配合可在不动管柱的条件下,实现φ70mm以下泵抽管柱堵层与生产层的任意反复调整。

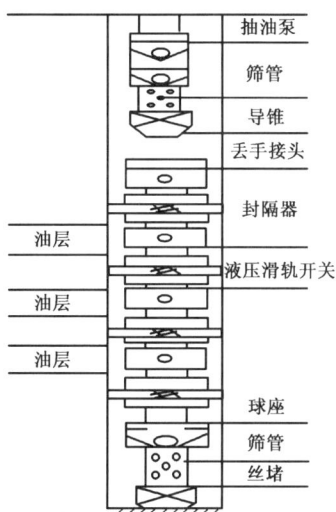

图5-7　液压滑轨可调层堵水管柱

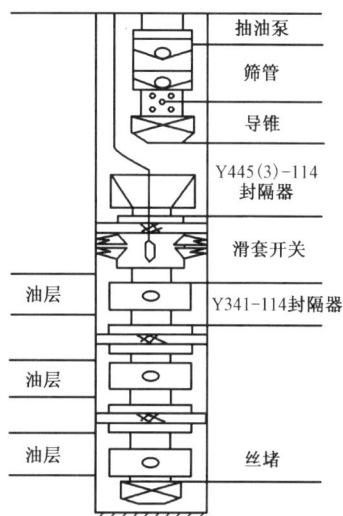

图5-8　悬挂式细分堵水管柱

(2)工艺特点:滑套开关可多级使用,在不动管柱的条件下,可反复调层,成本低,实用性强。两级滑套开关之间的最小卡距可达3.0m。该技术可与分层测试工艺配套,对分析油水井连通情况,调整区块开发方案具有指导意义,并能够验证封隔器的密封性,使调层工作更有针对性,从而提高细分机械堵水工艺成功率。堵水管柱处于悬挂状态,密封率高。

(3)适用范围:Y445(3)-114封隔器具有可取可钻"双重"解封及防砂卡功能,扩大与提高了技术应用的范围及可靠性,适用于φ70mm以下泵抽油井的多层细分机械堵水。

五、滑套式找水堵水管柱

(1)管柱组成:滑套式找水堵水管柱主要由带有滑套开关的平衡丢手管柱和电动开关测试仪两部分组合成,如图5-9所示。堵水管柱由KHT-90滑套开关、Y341-114-2封隔器、KZJ-114丢手接头及KQS-90连通器等井下工具组成。电动开关测试仪主要由电动开关器、磁性定位器和压力计组成。利用电动开关测试仪与堵水管柱相配合,能完成找水、堵水及不动管柱条件下的堵层调整。

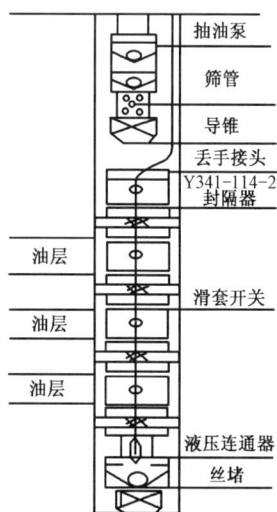

图5-9　滑套式找水堵水管柱

（2）工艺特点。

① 用电动开关器实现滑套的打开和关闭。

② 在不动管柱的情况下，可可对任一层或几个层进行反复调整。

③ 可在地面计量产液和含水量。

④ 可实现不压井作业。

（3）适用范围：滑套式找水堵水管柱适用于不出砂油井堵水，可以反复调多个堵水层，适用性比较强。

第三节　抽油机井机械堵水后下泵施工基本工序

一、编写施工设计

（1）施工设计是根据地质方案设计和工艺设计的要求而编制的。

（2）施工设计应注明油田名称、井号、井别、编写人、审核人、审批人、编写单位和日期，应提供明确的施工目的，有详细的基础数据和生产数据，提供目前井内管柱结构和下泵管柱示意图及下井工具名称、规范、深度，明确施工步骤及施工要求，提出施工中的安全注意事项及井控环保要求。

（3）施工设计应履行审批手续，有设计人、初审人、审批人签字。

（4）施工设计变更应编写补充设计，并履行审批手续。

二、施工现场勘察

（1）调查核实施工井所归属的采油厂、矿、队及方位、区域、井别、井号。

（2）调查通往井场的道路状况、距离、沿途道路上的障碍物，输电线路、通信线路、桥梁、涵洞的宽度、长度及承载能力。

（3）调查井场的使用有效面积（50m×50m），能否立井架、摆设油管、抽油杆、工具房、值班房、锅炉房、池子、污油水回收装置，车辆停放位置，井场土壤状况能否满足地锚承载的安全要求。

（4）调查该井是否在敏感区域。井场周围有无易燃易爆危险品，有无怕震动、怕噪音的民用设施。

（5）调查可向井场供电的电源、电压、供电距离、接电的方式等，井场无易燃易爆的危险品。

（6）调查采油树型号及完好情况，井口装置能否与井控装置配套，地面流程情况，所属的计量间，抽油机型号，驴头拆装方式，刹车完好情况，井场设备及装置是否有碍于作业施工。

三、立放井架（固定式）

1. 打桩

（1）打桩车出车前按施工任务量及井架负荷选择符合标准的地锚桩装在车上，保证每口井具备前地锚桩、二道地锚桩、后地锚桩各两根。地锚应使用长度不小于1.8m，直径不小于73mm的石油钢管；螺旋地锚片应使用厚度不小于5mm，直径不小于250mm，长度不小于

400mm 的钢板。钢筋混凝土地锚的外形尺寸应采用 1000mm × 1000mm × 1300mm（长 × 宽 × 高）。

（2）根据井场环境,选好地锚桩的位置,地锚桩孔眼位置不得选在油水井管线和电缆铺设的位置,避开电缆和管线走向。同时,绷绳坑的位置应避开水坑、钻井液池及土质疏松的地方,绷绳应距输电线 5m 以上。地锚桩施工尺寸要求:后地锚桩连线至井口距离 24m,前地锚桩连线至井口距离 22m,井架二腿中心至井口垂直距离 1.8m,二道地锚桩至后地锚桩连线距离 1m,二道地锚桩至后地锚桩距离 1.4m,后地锚桩之间距离 16m,前地锚桩之间距离 14m。以上地锚桩位置偏差不大于 0.5m。

（3）打桩时由专人指挥,专人操作。支好车尾部千斤顶,检查锤架上空有无障碍物,立起锤架,穿好固定销。操作手把滚筒上升起锤架的钢丝绳摘掉,使滚筒转动,吊起桩锤,刹紧滚筒后把锤固定销取掉。

（4）打桩时操作手与扶桩人员应当严密配合,不允许用手扶桩,要使用机械方式扶桩。桩锚扶正后,首先控制锤下落速度要慢,轻轻打压桩锚,当桩锚与地面垂直稳定后人立即离开,再加重打桩力度,打至地锚孔眼或环形挡板离地面 50 ~ 100mm 为止。

（5）利用滚筒刹车,轻轻放倒锤架,不得摔坏锤架。

（6）打桩过程中移动车辆时,必须将锤架放倒,严禁直立锤架移车。

（7）冬季地表冻层深达 300mm 以下时,要用蒸汽刺桩眼等措施后,再打桩。五级以上大风、雷雨天、雾天能见度较低的天气时禁止打桩。

2. 拔桩

（1）拔桩时,操作手注意观察空中、地面和全车工作情况,当有障碍物时要待排除后才能工作。

（2）支好车尾部千斤顶,拔桩人员把吊钩挂在地锚销上,操作手挂滚筒离合器,开始拔桩。

（3）拉紧钢丝绳,逐渐加大发动机油门。指挥人员随时注意千斤顶和插销有无打滑现象,若有立即示意停止拔桩,进行调整处理。

（4）地锚拔动后,缓慢减力直到拔出,放在车上,固定牢固。拔桩过程中移动车辆时,必须将支架放倒,严禁直立支架移车。五级以上大风、雷雨天、雾天能见度较低的天气时禁止拔桩。

3. 立井架

（1）立井架必须由专人指挥,专人操作,专人观察。车辆泵入井场前检查是否有障碍物,如:高压线、通信线、落线架。井架运到井场后,找好井口对汽车中心线,平好井架基础。把车倒进井场,使汽车中心线与井口中心线重合,汽车在后轮中心距井口 7 ~ 8m 之间停稳,刹好车。

（2）启动油泵:先打开油箱,接通取力装置,使油泵运转正常。

（3）支好支腿千斤顶,将 4 个锁紧缸收回,松开井架。

（4）检查井架无开焊、断裂、缺件,无明显鸡胸、驼背等变形。检查井架各部件、天车、爬梯、护圈、基础销子等,使之处于完好状态。

（5）抬起起升架多路换向手柄,起升架慢慢升起,当井架随起升架升至 70° 之前,为防止倒井架事故,必须按要求系好后绷绳,与地锚桩上的花兰螺丝联结,用与地锚绳直径相匹配的卡子卡紧,卡距200～250mm。绳卡子安装方向符合"U"形环卡在辅绳上的要求。后头道地锚绳4个卡子,后二道和前道地锚绳2个卡子,地锚绳直径16mm,要求无断股、断丝。

(6)继续升起井架,使井架基础坐在预先整理好的地面上,井口距井架两腿之间距离180cm±5cm。

(7)继续升起升架,绷绳岗人员压紧后绷绳,把起升架升至指定位置,使天车对井口位置偏差不大于100mm,通过铅垂进行检验。

(8)将前绷绳固定在前地锚桩的花兰螺丝处,用绳卡子卡紧。

(9)固定好的井架应按标准安装好6根绷绳,井架后绷绳、前绷绳、二道绷绳各2根,后绷绳最小直径不小于16mm,前道绷绳、二道绷绳最小直径不小于13mm。前道绷绳、后二道绷绳各2个绳卡子,后头道绷绳4个绳卡子。绳卡子安装方向符合"U"形环卡在辅绳上的要求,卡距为绷绳直径的6～8倍,要求绷绳无断股、断丝、无接头、无硬弯打扭等,卡紧程度以钢丝绳变形1/3为准。花兰螺丝处的螺栓伸出长度在各部尺寸达到要求时不大于螺栓长度的1/2。

(10)缓慢回收起升架,收起千斤顶,分离动力,安全离开井场。

(11)夜间、五级风以上、雷雨天、下雪、雾天能见度较低天气时不得立井架。

4. 放井架

(1)放井架必须由专人指挥,专人操作,专人观察。利用载车的液压调整千斤顶和水平尺把载车与井口对中找平。

(2)按下多路换向阀,慢慢升起起升架,使锁销将井架锁紧。

(3)将前绷绳从地锚桩解开,慢慢收回起升架,观察井架是否接正,如发现异常应进行调整。

(4)基础离地的检查基础螺丝、井架销子,上提并锁紧井架,盘好绷绳。

(5)继续收回起升架,当起升架越过垂直角度时,切断动力,靠井架的自身重量使井架平放在载车的起升架上,收回液压千斤顶。

(6)夜间、五级风以上、雷雨天、下雪、雾天能见度较低的天气时不得放井架。

(7)井架在转运过程中,要设有超高标志,注意瞭望,防止刮碰电线,车速不得超过40km/h。

四、搬家

(1)组织班组人员,在搬家过程中必须听从现场指挥人员的指挥调动安排。

(2)吊装前检查值班房、工具房、污油回收装置、方铁池、油管爬犁的吊绳、保险销是否符合安全技术要求。吊装钢丝绳套无断丝、断股。保险销紧固无损伤。检查工具房、值班房门窗是否锁好。

(3)吊车就位后,四脚伸开支平牢固,吊装时吊杆悬臂工作范围内不许站人,背吊物体上、下严禁站人。

(4)操作人员在车辆停稳后方可上前操作,挂牢绳套,待操作人员手离开绳套,绳索受力后,操作人员离开吊装物,平稳起吊。指挥卡车就位,缓慢下放物体卸载,吊装物就位时,操作人员必须站在无障碍的地方扶正。操作人员摘钩撤走后,方可指挥行车。

(5)搬家作业设备时要合理吊装,不挤压,不撞击,盛液容器必须放空排净。吊装用的钢丝绳必须满足承吊重物的安全载荷,提钩要挂牢,捆绑要结实。

(6)搬家车辆在行驶过程中要安全驾驶。

(7)作业机上拖板车要有专人指挥,地面要平整坚实,道路两边无深沟等。

(8)搬家到井场后专人负责把值班房、工具房、锅炉房在距井口30m附近摆放成"一"形、"L"形、"U"形。锅炉房应就位在井口上风头,锅炉房与值班房应分开放置,其距离应大于4m或按作业队实际要求摆放。方铁池(储液池)就位在距井口30m以外便于车辆通行处,做到水平放置排列成行。污油回收装置就位在井口上风头15m附近。

(9)五级以上大风等恶劣天气时禁止搬家。

五、施工准备

1. 交接井

(1)开工前,通知施工井所在采油队,在约定时间到井上交接井。

(2)按规定进行交接,采油工详细介绍,作业队认真作好记录。交清地面流程、电路、流程保温、设备完好情况、井场情况及井场外围环保情况。交清施工井的井生产情况。对井口设备和井场设施逐点进行交接。

(3)由采油队负责倒好流程,施工过程中不能得随意轻易改动,以保证施工完顺利投产。

(4)双方在现场认真填写油井作业施工交接书,经甲乙双方签字,一式两份,甲乙双方各持一份。

2. 井场用电

(1)井场电线用胶皮软线,应无破漏、无损伤,绝缘可靠,满足载荷要求,不准用照明线代替动力线。

(2)线路整齐,不得穿越井场和妨碍车辆交通及在油水池内通过,动力线架设高度不低于1.2m,照明线架设高度不低于1m。严禁拖地或挂在绷绳、井架或其他铁器上,过路要铺垫板。

(3)各种用电设施性能完好,开关、闸刀、线路连接符合安全用电要求。

(4)电器开关应装在距井口5m以外的开关盒内,低压照明灯、闸刀应分开设置且不准放在地面。所有保险丝应规范使用,严禁用铜、铝等线材代替。

(5)井场照明使用直流低压设备,放在距井口10m以外,不准直射作业司机和井口操作人员。

(6)井架照明应用防爆灯,电线保证绝缘,固定可靠。

3. 井场消防及安全标识

(1)井场应配备8kg灭火器4个,消防锹2把,消防桶2个,消防钩2把,值班房配备8kg灭火器2个,作业机配备4kg灭火器1个。

(2)消防器材应指定专人负责与交接,每月检查一次。

(3)井场内严禁吸烟、动火,如动火必须履行动火手续。

(4)井场应使用安全警示带围好,高度为0.8~1.2m。插好警示旗。

(5)井场应有明显的安全警示标识,至少应有:必须戴安全帽,禁止烟火,必须系安全带,当心机械伤人,当心触电,当心高空坠落,当心井喷、当心环境污染。

（6）井场安全通道畅通并做明显标识,安全区域位置合理标识清楚。

（7）井场应设置风向标(风向袋、彩带、旗帜或其他相应装置),应设置在现场容易看到的地方。

4. 作业机就位

（1）检查作业机就位线路上是否有管线、电缆等危险物暴露出地表,道路是否平整坚实。

（2）由专人指挥,按照预定线路通往预定位置,作业机行走时司机要精力集中,服从指挥。其他人员远离作业机通道防止发生伤害事故。

（3）到达预定位置后作业机司机调整车位,使作业机尾部位于距井架基础 3～5m,且滚筒正对井架并处于水平状态。

5. 卡活绳

（1）检查绳头不能破股,绳卡与大绳直径匹配质量合格。

（2）将作业机滚筒刹车刹死,把活绳头用细铁丝扎好并用手钳拧紧,同时顺作业机滚筒一侧专用于固定提升大绳的孔眼穿过。

（3）活绳头从滚筒内向外拉出 5～10m,把活绳头围成约 20cm 左右的圆环,然后用 22mm 钢丝绳卡子卡在距离绳头 4～5cm 处,用 300mm×36mm 活动扳手拧紧绳卡螺母(松紧程度以挡住绳卡时,一人用力能滑动为止)。

（4）将绳环纵向穿过井架底部呈三角状的拉筋中间,撬杠别住绳环卡子,来回拉动钢丝绳,使绳环直径小于 10cm,取出绳环,用活动扳手将绳卡卡紧。卡紧程度以钢丝绳直径变形 1/3 为适宜。

（5）在滚筒一侧拉动钢丝绳,使活绳头绳环卡在滚筒外侧,以不碰护罩为准。

6. 盘大绳

（1）检查作业机滚筒部分及刹车是否灵活好用,检查随身携带工具,检查大绳有无毛刺,防止刮伤。有专人指挥,各岗位之间分工明确。

（2）一人在地面将大绳拉紧,作业司机平稳操作,服从指挥,使用一挡、低油门操作,缓慢正旋转滚筒,另一人站在作业机滚筒前大绳一侧用手锤将卷起的大绳一圈一圈砸紧。直到活绳受力绷紧。然后操作人员系好安全带上到井架上固定好安全带,卸掉固定大绳的绳卡子。指挥司机缓慢下放游动滑车,井口两人同时用力推住游动滑车大钩耳环将固定游动滑车的钢丝绳套从大钩内摘下。

（3）试提游动滑车检查大绳在滚筒上是否排列整齐,不得出现交叉和磨滚筒的现象。盘好后的大绳在滑车放到最低点时在滚筒上不少于 15 圈。

7. 卡拉力表

（1）检查拉力表是否有检验合格证并在有效期内,符合技术规范。检查拉力表专用接头、连接螺丝及保险销是否完好。保险绳应与大绳直径相同,绳套长度应小于 1m,并用 6 个绳卡子固定。死绳走井架腹内,大绳死绳头与拉力表上部专用接头处应系猪蹄扣,死绳余出 1.5m 左右,并用 4 个配套绳卡固定牢靠,卡距 15～20cm。拉力表下部专用接头应穿在底绳套中间,底绳套用猪蹄扣兜绕于井架双腿上,并用 4 个绳卡固定,卡距 15～20cm。

（2）将游动滑车拉到地面并松开大绳,把拉力表连接环平稳拉至地面,拆掉拉力表连接环,用拉力表专用螺丝连接好拉力表上下环,螺丝上穿好保险销。操作人员手扶游动滑车侧面拉住大钩指挥司机缓慢上提游动滑车。拉力表在上行过程中应有专人扶正,防止刮碰井架损坏拉力表。

(3)装好后的拉力表悬挂在井架腿底部中间,距地面高度2m,壳体位于井架角铁之间,表面清洁并面向作业机。用绳套将拉力表拴在上方井架横梁上,防止起下管柱时拉力表晃动磕碰井架损坏拉力表。

8. 卡二道绷绳

二道绷绳最小直径不小于13mm,无断股、断丝、无接头、无硬弯打扭等。将花兰螺丝松到位,用底绳套穿过花兰螺丝环和地锚桩,不少于2圈,用3个绳卡子卡紧,将二道绷绳穿过花兰螺丝上环拉紧用2个绳卡卡紧。绳卡子安装方向符合"U"形环卡在辅绳上的要求,卡距为绷绳直径的6~8倍,卡紧程度以钢丝绳变形1/3为准。正旋动花兰螺丝至绷绳受力。

9. 校井架

(1)检查各道绷绳、花兰螺丝是否完好。准备好2根撬杠。

(2)提放游动滑车观察与井口对中情况。

(3)井架向井口正前方偏离时,用撬杠别住花兰螺丝上环保持不动,用另一根撬杠插入花兰螺丝母套手柄内转动撬杠,松前2道绷绳,紧后4道绷绳。井架向井口正后方偏离时,松后4道绷绳,紧前2道绷绳。

(4)向正左方偏离时,松左侧前后绷绳,紧右侧前后绷绳。向正右方偏离时,松右侧前后绷绳,紧左侧前后绷绳。

(5)向左前方偏离时,松左前绷绳紧右后绷绳。向右前方偏离时,松右前绷绳紧左后绷绳。

(6)向左后方偏离时,松左后绷绳紧前右绷绳。向右后方偏离时,松右后绷绳紧左前绷绳。

(7)井架底座基础不平而导致井架偏斜由安装单位负责校正。

(8)校井架时,一定要做到绷绳先松后紧,不能同时松开两道绷绳。倒绷绳时必须卡保险绳。严禁用作业机拉顶井架。

(9)旋转撬杠时按需要的方向转动,两人要配合好,防止撬杠伤人。

(10)井口专人观察,直至校到位。校正标准为天车、游动滑车、井口三点成一线前后不得偏离5cm。左右不得偏离2cm。每条绷绳受力均匀,余绳盘成圈。花兰螺丝余扣不少于10扣,便于随时调整。

10. 拆驴头

(1)拆卸式驴头。

① 确定操作指挥人员,各岗位分工明确。用试电笔检查配电箱是否漏电检查抽油机刹车,是否可靠,检查吊绳、安全带、携带工具符合要求。

② 启停抽油机时应有两人操作,一人侧身按下抽油机启动按钮将抽油机停在接近下死点0.3~0.5m时按下停止按钮,另一人拉动刹车手柄刹死刹车,注意抽油机曲柄旋转范围内不许站人。用方卡子把光杆卡在防喷盒以上10~20cm处,松井刹车,启动抽油机使方卡子坐在防

喷盒上,解除驴头的负荷,使抽油机游梁处于下死点状态,刹住刹车,将抽油机电源主控箱断电。有专人监护抽油机刹车,卸掉卡在工字架上方的方卡子、防掉帽,将工字架依次拿出放到工具架上。将直径不小于16mm的钢丝绳套一端挂在大钩内,锁好保险销,指挥司机缓慢上提滑车至驴头上方。

③ 高空作业人员上驴头前,清理好脚下异物,将随身携带的工具系好保险绳,平稳到达游梁拴好安全带。将直径不小于16mm的专用钢丝绳套穿过驴头上的吊环,打开大钩保险销,将绳套挂在大钩内锁好保险销。用扳手卸松两边的顶丝,拔出驴头销子上的保险销,抽出驴头销子,从抽油机上回到地面。指挥司机缓慢上提,驴头离开游梁后,缓慢平稳下放,系好牵引绳,将驴头拉放在不影响逃生路线的位置摆放好,卸掉一侧的顶丝将驴头放倒盖上防渗布。

④ 松开抽油机刹车,使游梁扬起,刹死刹车。将抽油机电源主控箱断电。

⑤ 12型和14型抽油机拆装驴头必须用吊车吊装。

(2)侧翻式驴头。

① 将抽油机停在接近下死点0.3 ~ 0.5m,刹死刹车,注意抽油机曲柄旋转范围内不许站人。用方卡子把光杆卡在防喷盒以上10 ~ 20cm处,松开刹车,启动抽油机使方卡子坐在防喷盒上,解除驴头的负荷,使抽油机游梁处于下死点状态,刹住刹车,将抽油机电源主控箱断电。卸掉卡在工字架上方的方卡子、防掉帽,将工字架依次拿出放到工具架上。

② 慢慢松开抽油机刹车,启动抽油机,将悬绳器提出光杆端头。然后,使抽油机游梁处于水平状态,刹死刹车,将抽油机电源主控箱断电。

③ 操作人员清理好脚下异物,将随身携带的工具系好保险绳,背好牵引绳,平稳爬上游梁拴好安全带。操作人员将牵引绳一端牢固地拴在驴头上,另一端顺至地面。用手钳将驴头一侧的固定销子的保险销拿掉,然后用大锤依次将两个固定销子砸出。将游梁上的踏板收起固定好。

④ 待操作人员下到地面后,地面人员拉住牵引绳拉动驴头。

⑤ 驴头拉到位后,用牵引绳把驴头牢固地拴在抽油机的游梁上。

(3)上翻式驴头。

① 卸载后在抽油机驴头处于下死点时挂好专用提升绳套和牵引绳。

② 启动抽油机将驴头抬起至上死点后刹紧抽油机刹车。

③ 打开驴头锁紧装置,用游动滑车缓慢提升驴头上的专用绳套,当驴头上翻接近最高点时拉紧牵引绳,停止上提游车大钩,缓慢下放驴头,使其翻转在抽油机游梁上。然后缓慢松刹车使驴头处于上死点,刹死刹车。

11. 搭管杆桥

(1)检查井场地面是否平整,检查桥座是否完好。管、杆桥摆放位置要合理,确保逃生路线通畅。管、杆桥下铺好防渗布,四周围起20cm高的围堰。

(2)搭管杆桥时各岗位密切配合防止磕碰。桥座摆放平稳牢固,抬油管时轻抬轻放。管杆桥搭在距井口2m处,管桥搭3道桥,相邻两道桥间距3 ~ 3.5m,管桥距地面高度不低于0.3m,每道桥5个支点。杆桥搭4道桥,相邻两道桥间距2 ~ 2.5m。杆桥距地面高度不低于0.5m,每道桥4个支点。

(3)管杆桥搭好后检查整体摆放位置是否平整牢固。

12. 挖导流沟搭操作台板

(1)施工前在井口周围围20cm高的土堰,挖出导流沟,在井场旁挖1.5m³的溢流坑,分别铺好防渗布。溢流坑应用警示带围好。并有明显警示标志。

(2)根据井口操作需要,选择合适数量的操作台板、支架。摆放好操作台支架,铺好操作台板。保证操作台板完好无损,没有异物,基础应搭设平稳牢固。

13. 吊装液压油管钳

(1)操作人员系好安全带。用大钩将小滑轮和直径不小于12.5mm的钢丝绳带到井架适当位置(18m井架在井架两段连接处),将安全带保险绳绕过井架拉筋扣好。先把小滑车固定在井架连接处的横梁上。根据需要调整小滑轮位置使其在横梁的左侧或右侧,不能将其固定在横梁中间。再将钢丝绳从小滑轮穿过,钢丝绳一端从井架后穿过,另一端从井架前方顺至井口,钢丝绳一端用与钢丝绳匹配的2个绳卡子与液压钳吊筒连接。另一端固定在作业机绞车上。

(2)专人指挥操作绞车,吊装钳体至井口上方适当位置,将钳体推向井口,看钳体是否平正,如不平调整液压钳调平机构的前、后螺钉使之平正。将一段直径不小于13mm的钢丝绳一端穿过钳体尾部的尾绳螺栓,用两个绳卡卡紧,另一端绕过井架左侧(或右侧),用两个钢丝绳卡卡紧。保证液压钳能自由拉向井口,不影响正常工作,尾绳与尾绳环高度齐平,尾绳不能过长,以液压钳咬住油管尾绳绷直为宜。检查、清洗两条液压管线的接头,按进出循环回路,将通井机上的液压泵与液压油管钳连接牢固。结合作业机与齿轮泵的挂合,将液压钳上卸扣旋钮调至(上)卸扣方向,将变速挡手柄向上扳到低速挡(向下高速挡)位置,推(拉)操作杆,检查液压钳是否运转正常。

14. 接洗井地面管线

(1)洗井管线连接必须用钢制管线,进口装好单流阀,管线长度应大于20m。

(2)检查管线是否畅通,螺纹是否完好,检查活动弯头、活接头是否完好灵活,检查大锤手柄是否牢固可靠。确定管线走向、布局合理。将管线一字摆开,首尾相接,接箍端朝井口。将活接头卡在油(套)管闸门上,与进口管线连接起来。并用大锤将活接头从井口向水泥车方向砸紧,保证已砸紧的活接头不卸扣(水泥车上一般为带套活接头)。砸管线时注意观察周围人员,避免造成伤害。

(3)出口进干线或和回收罐相连,出口管线不准有小于90°的急弯,并要求固定牢靠。同时严禁进、出口管线在同一方位,必须在井口的两侧。

(4)用油管支架将管线悬空部分架好。

六、反洗井

(1)施工车辆进入施工现场要有专人指挥车辆摆放位置合理,并带好防火帽,接管线前车辆要停稳、熄火、拉紧手制动。

(2)将水泥车与井口管线连接并用大锤砸紧,地面管线试压至设计施工泵压的1.5倍,经5min后不刺不漏为合格。

(3)井口操作人员侧身打开套管闸门打入洗井工作液。洗井时有专人观察泵压变化,泵压不能超过油层吸水启动压力。排量由小到大,压力正常后逐渐加大排量,排量一般控制在 $0.3 \sim 0.5 \text{m}^3/\text{min}$,将设计用量的洗井工作液全部打入井内。

(4)热洗应保证水质清洁,水量不低于井筒容积的 2 倍,水温不低于 70℃。洗井过程中,随时观察并记录泵压、排量、出口排量及漏失量等数据。泵压升高洗井不通时,应停泵及时分析原因后进行处理,不得强行憋泵。

(5)严重漏失井采取有效堵漏措施后,再进行洗井施工。

(6)洗井施工期间操作人员不得跨越管线,打高压时远离管线,进入安全区域。

(7)洗井结束后关闭套管和生产闸门,管线放空后拆卸管线。稳压 30min,平衡井内压力。侧身打开油套管闸门,无溢流或溢流量小,关闭油套管闸门,准备起抽油杆。

七、起原井抽油杆、油管

1. 起抽油杆

(1)各岗位进行起抽油杆前检查,井架基础坚实、井架无变形、开焊等状况。地锚坚固无松动,绷绳受力均匀,无打结、断股,每扭矩断丝不超过 5 丝,绷绳端卡子紧固。大绳无压扁、松股、扭折、硬弯,每扭矩断丝不超过 5 丝。游动滑车、天车、滑轮转动灵活、护罩完好。大钩弹簧、保险销完好、转动灵活、耳环螺栓应紧固。抽油杆吊钩保险销灵活好用、应使用直径不小于 16mm 的钢丝绳,卡 4 个绳卡。吊卡本体无变形、腐蚀、裂纹,灵活好用。背钳无裂纹弯曲,尾绳无断丝固定牢靠,松紧度合适。抽油杆防喷器有检验合格证,开关灵活,保持在呈全开状态。设备运转系统正常,刹车灵活可靠。拉力表灵敏完好。操作人员选择和清理好逃生通道。

(2)倒好井口流程,调整好该井掺水循环,将该井生产改为小循环,确认井口总闸门处于全开状态,打开油套闸门放出内腔余压。

(3)先在距光杆端头 $10 \sim 15 \text{cm}$ 处卡紧方卡子,把抽油杆吊卡扣在方卡子下方,把抽油杆吊钩的绳套挂在大钩内,锁紧保险销,缓慢上提。一人扶住吊钩打开保险销,一人将抽油杆吊卡的吊环放入小钩内,锁紧保险销。撤离井口,派专人观察拉力表、绷绳、地锚,井架基础。指挥司机缓慢上提 $10 \sim 15 \text{cm}$,待坐在防喷盒上的方卡子解除负荷后,操作人员上前卸掉方卡子,指挥司机缓慢下放光杆探泵底,核实油管是否断脱,如油管断脱则采取同步起管杆的方法,防止起抽油杆时挂掉防磨装置导致打捞油管难度的增加。

(4)光杆探完泵底后,摘掉抽油杆吊卡,卸掉防掉帽、方卡子放到工具架上。卸开光杆密封器防喷盒上的压盖,取出其中的上压帽、胶皮密封圈及下压帽,放到工具架上,旋开光杆密封器上的螺纹,将光杆密封器及胶皮闸门从光杆上抬出,放置在工具架上,并将把下压帽、胶皮密封圈、上压帽压盖按次序装好。

(5)用绳套将抽油杆防喷器拴牢平稳吊起,吊至光杆上方对中光杆缓慢下放平稳通过光杆,与井口连接紧。

(6)上紧防掉帽,在距光杆端头 $10 \sim 15 \text{cm}$ 处卡紧方卡子,扣好吊卡,挂入吊钩。专人观察拉力表、地锚、井架基础,其余操作人员撤离到安全区。指挥司机缓慢上提光杆,装有脱接器的井,保证脱接器顺利脱开。上提抽油杆柱遇阻时,不能盲目硬拔,查明原因制定措施后,采取相应的措施再进行处理。

(7)脱接器脱卡后,上提光杆至接箍下端能坐上吊卡时停止上提,用抽油杆吊卡卡住下面的抽油杆,卡牢抽油杆后,下放使光杆坐在吊卡上。操作人员调整好背钳和管钳开口,一人将背钳按逆时针卸扣方向打在井内抽油杆接头四棱处,一人右手手心朝上握住管钳柄前端,左手心朝下握住管钳柄尾端,左腿在前支撑身体重心,右腿在后,防止后倒,身体略前倾,将卸扣管钳咬住抽油杆接头四棱处,左手微下压同时右手滑至左手处,平稳向后用力,待背钳受力后加力卸松抽油杆扣,后撤超出管钳长度位置,微弯腰,两腿分开,左胳膊抬起高于管钳高度,右手背后或放在腹部,左手微向下压管钳同时匀速将管钳推向另一人。另一人与对方保持相同姿势,接管钳时伸出左手拇指向下,手掌微向上抬起,接住管钳后微压匀速送出,如此循环卸扣。直至将扣完全卸开摘下管钳、背钳,指挥司机缓慢提出光杆,由井口人员将光杆送到拉杆人员手中,指挥司机平稳下放,井口人员后撤一步并随着游动系统方向注意观察。

(8)拉送抽油杆人员握住光杆后端随时注意并观察游动系统和井口状况,用与光杆下行的速度平稳将光杆拉到杆桥上。

(9)待光杆落至井口上方时,一人伸手拉住吊卡吊环两侧防止磕碰井口。待光杆落在桥枕上,一人扶住吊钩打开保险销,顺着向下的惯性拉动吊钩一人摘下抽油杆吊卡的吊环。将井口抽油杆吊卡的吊环挂入吊钩锁好保险销,后撤一步,随着游动系统方向观察,待下一根抽油杆接箍提出井口,用抽油杆吊卡卡住下面的抽油杆,下放使抽油杆坐在吊卡上。按上述操作直至起出全部抽油杆。

(10)用钢丝绳套拴牢抽油杆防喷器,将绳套挂入抽油杆吊钩内,卸掉防喷器,吊至地面,清理干净放置在工具房内。

(11)施工人员各负其责,紧密配合,服从指挥。起杆时带出的液体及时进罐回收。起抽油杆过程中注意随时检查抽油杆吊卡、吊钩、管钳、背钳是否安全好用。随时观察油套管溢流情况,发现有溢流立即关防喷器。观察修井机、井架、绷绳和游动系统的运转情况,发现问题立即停止施工,采取相应的处理措施。五级风以上、雷雨天、雾大视线不清天气时禁止作业。

(12)起出的抽油杆每10根一组排列整齐,悬空端长度不得大于lm。检查抽油杆及井下工具,杆上面严禁摆放工用具和人员走动。

2. 拆井口

(1)准备大锤、死扳手、钢丝绳套,检查完好。确认井口流程正常。将油套管闸门打开泄压。

(2)操作人员用大锤、死扳手将井口螺丝砸松,卸掉螺丝,砸螺丝时搭背帽人员侧身将扳手水平卡住螺母握紧,操作大锤人员左腿在前,右腿在后身体略弯,左手握住大锤柄尾端约1/3处,右手握住尾部,看准敲击点用力砸击死扳手直至砸松,锤击时要握紧大锤,锤的运动轨迹范围内不能站人。用套筒扳手卸松生产闸门处的卡箍片螺丝,再用活动扳手卸掉螺母,拆掉油管生产闸门处的卡箍,放置在工具架上。用钢丝绳套拴牢井口,拴好牵引绳,指挥司机下放滑车,将绳套挂在滑车大钩内锁好保险销,转动井口使两个卡片错开,取出钢圈放置在工具架上。由专人扶住井口,防止刮碰流程,指挥司机缓慢上提,采油树吊离井口后井口操作人员撤离井口,继续上提至合适高度,指挥司机缓慢下放。同时操作人员拉住牵引绳将采油树平稳拉至远离井口,并且不妨碍逃生通道处,检查井口闸门是否呈全开状态。取出四通法兰面上的钢圈,检查清理干净放在工具架上。

3. 安装防喷器

（1）按施工设计要求选择合适压力等级的防喷器及与井内管柱尺寸匹配的旋塞阀。检查防喷器、旋塞阀合格证，开关灵活，呈全开状态。将旋塞阀及其扳手放置在距井口2m内的工具架上。

（2）将井口四通及防喷器的钢圈槽清理干净，并涂抹黄油，将完好的钢圈放入钢圈槽内。

（3）用绳套将防喷器拴牢，拴好牵引绳。拉住牵引绳将防喷器平稳吊起到井口四通上方，扶正防喷器缓慢下放坐在四通上，拆掉牵引绳。转动防喷器确认钢圈入槽、上下螺孔对正，防喷器摆放方向便于施工与开关，上全连接螺栓，对角上紧后摘下绳套。

（4）防喷器安装后，应保证防喷器的通径中心与天车、游动滑车在同一垂线上，垂直偏差不得超过10mm。

（5）防喷器连接后，进行压力试验，检查连接部位密封性。进行关闭和打开闸板的操作，检查丝杠和闸板灵活程度，开关无卡阻，丝杠闸板灵活可靠方可使用。

4. 试提、倒出油管头

（1）各岗位应进行安全巡回检查，井架基础坚实、井架无变形、开焊等现象。绷绳受力均匀，无打结、断股，每扭矩断丝不超过5丝，绷绳端卡子紧固。地锚坚固无松动，大绳无压扁、松股、扭折、硬弯，每扭矩断丝不超过5丝。游动滑车、天车、滑轮转动灵活、护罩完好。大钩弹簧、保险销完好、转动灵活、耳环螺栓应紧固有保险销。吊环无变形、腐蚀及磨损，吊卡本体无变形、腐蚀、裂纹，月牙、手柄灵活可靠。吊卡销子应使用磁性或卡环防震脱吊卡销子，并拴牢保险绳。液压钳配件完整灵活、悬吊牢靠，吊绳、尾绳无断丝固定牢靠，松紧度合适。背钳无裂纹弯曲，尾绳无断丝固定牢靠，松紧度合适。设备运转系统正常、刹车灵活可靠。拉力表灵敏完好。提升短节本体、螺纹完好，操作人员选择和清理好逃生通道。

（2）拆掉大钩耳环螺栓上的保险销，卸掉螺母，抽出螺栓，装入吊环，再将螺栓穿入耳环，上紧螺母插好保险销。确认井口流程循环正常，套管闸门处于全开状态。将提升短节与油管头对正扣用手上不动时，用管钳上紧。侧身用扳手将4条顶丝松到位。

（3）将吊卡放在提升短节上，合上月牙，锁好手柄销，指挥司机下放滑车将吊环挂入吊卡，插好吊卡销子，操作人员撤离井口。

（4）专人观察后绷绳、地锚桩、井架基础，专人指挥作业机司机缓慢上提，观察拉力表读数。悬重不超过井内管柱悬重200kN。

（5）油管头平稳提出防喷器后，在井内第一根油管接箍下方扣好吊卡，合上月牙锁好手柄销。下放管柱坐在吊卡上，调整好背钳、管钳，把背钳按顺时针方向搭在油管接箍上，一人右手手心朝上握住管钳柄前端，左手手心朝下握住管钳柄尾端，左腿在前支撑重心，右腿在后，防止后倒，身体略前倾，将卸扣管钳咬住油管挂，左手微下压同时右手滑至左手处，平稳向后用力，待背钳受力后加力卸松油管挂，如此反复将扣完全卸松。后撤超出管钳长度位置，微弯腰，两腿分开，左胳膊抬起高于管钳高度，右手背后或放在腹部，左手微向下压管钳同时匀速将管钳推向另一人。另一人与对方保持相同姿势，接管钳时伸出左手拇指向下，手掌微向上抬起，接住管钳后微压匀速送出，如此循环卸扣。扣要卸掉时可摘下管钳两人用手握住提升短节搓动将扣完全卸开后，两人用手卸掉油管头抬下，并检查油管头是否完好，放在工具架上。

5. 装防喷器简易自封

(1)先吊起一根油管,把检查合格的防喷器自封胶皮芯子和压盖抬到井口油管接箍上坐好,用手扶正,将油管慢慢地坐入自封芯子中,将手撤回。

(2)搭好背钳,用另一把上扣管钳打在自封压盖上方油管的10cm左右处,下压管钳边转油管,边使油管通过自封胶皮芯子与下面油管接箍内螺纹对正上紧。

(3)两人抬起自封检查油管螺纹是否上紧。

(4)上提油管,摘掉吊卡,将防喷器上法兰钢圈槽擦干净抹好黄油,慢慢下放油管使防喷器自封胶皮芯子下方的胶圈坐入防喷器上法兰钢圈槽内,将压盖放平正,上全连接螺栓,对角上紧。

6. 起油管

(1)井口操作人员双手握住吊环,同时侧身将吊环挂入吊卡两个耳朵内,插好吊卡销子,后撤一步随着游动系统方向观察。指挥司机缓慢平稳上提油管,待露出第二根油管接箍,下端能坐入吊卡时停止,井口操作人员分别握住吊卡两个耳朵抬起吊卡,扣在接箍下端,合上吊卡月牙,锁好手柄销。转动吊卡使月牙朝向拉管操作人员,缓慢下放,将油管坐在吊卡上。

(2)将背钳按顺时针方向搭在油管接箍上。结合作业机与齿轮泵的挂合,将液压钳上卸扣旋钮调至卸扣方向。将变速挡手柄扳到低速挡位置,两手分别握住液压钳侧面的把手,将钳体开口推拉向井口油管,油管进入开口腔内,操作人员一只手稳住钳头,另一只手轻拉操作杆使背钳初步卡紧接箍,尾绳受力,再将操作杆拉到最大位置,开始卸扣。扣卸松1~2圈后操作杆回中位,再挂高速挡卸扣。卸扣过程中操作人员手一定要始终握住操作杆,不能让操作杆向中间位置回动,操作工程中禁止用手触摸运动部件,如发生故障,应停泵检修。卸扣时要将扣完全卸开,防止崩扣伤人。液压钳操作手当感觉到轻微跳扣震动时,证明卸扣完毕,及时挂低速挡再将操纵杆推到相反最大位置,使开口齿轮正转,当开口齿轮、壳体缺口复位,立即松开拉杆,使操作杆回到中位。用手推动钳体尾部的侧面把手,将钳体开口从油管本体退出,摘掉背钳。操作液压钳时尾绳两侧严禁站人,严禁两个人同时操作液压钳。

(3)指挥司机平稳上提油管直至油管下部外螺纹与接箍分离,井口操作人员将油管送到拉油管人员手中,同时后撤一步随着游动系统方向观察。司机缓慢下放油管,拉送油管人员将油管外螺纹放到小滑车上,用管钳拉动油管与下放油管速度保持一致使小滑车向后滑行。拉送油管人员应站在油管外侧,同时观察游动系统运转的方向,拉油管姿势要正确,双手一正一反握住管钳,两腿前后分开平稳向后移动。

(4)油管下放至井口上方时,井口操作人员上前抓住吊环防止磕碰井口。油管下放到桥枕后,刹住刹车。井口操作人员上前拔出吊卡销子,同时双手将两只吊环从吊卡的两个耳朵内拉出。司机缓慢上提滑车,井口操作人员同时侧身,双手将吊环挂入吊卡两双耳内,插上销子并锁紧。后撤一步随着游动系统方向观察。待井口操作人员将吊卡抬至井口后,拉送油管人员先将起出油管从小滑车上抬至油管桥上,接管人员再将油管内螺纹端从桥枕抬至油管桥上,两人同时推动油管排放整齐。拉送油管人员将小滑车推至油管滑道前端。

(5)重复以上操作,直至起出全部油管。起泵前及时将自封倒出,起出泵、井下工具及尾管。卸尾管时注意防止尾管内存有压力要侧身或在液压钳操作杆上拴牵引绳操作。在防喷器内投入全封棒,关闭防喷器及套管闸门。

(6)起出的油管每 10 根一组排列整齐,检查管柱及井下工具做好记录。油管上面禁止放任何物件及摆放工具和行走。

(7)起管时随时观察油套管溢流,有井涌现象立即关防喷器、装好油管旋塞阀后关闭套管闸门。并及时将油管内流出的液体进罐回收,不能乱排乱放。

(8)施工人员各负其责,紧密配合,服从指挥。起油管过程中注意随时检查手柄销子、月牙、背钳是否安全好用,严禁挂单吊环。随时观察修井机、井架、绷绳和游动系统的运转情况,发现问题立即停止施工,分析原因,采取相应措施处理后再继续施工。五级风以上、雷雨天、雾大视线不清天气时禁止作业。

八、刮蜡

1. 下刮蜡管柱

(1)刮蜡前,管柱应刺洗、丈量、计算准确,记录清晰。按设计选用标准的刮蜡器,其直径要比套管内径小 6~8mm,如果下不去可适当缩小刮蜡器外径(每次 2mm)。

(2)把刮蜡器接在下井第一根油管底部,上紧扣后下入井内,下油管 5 根后装好自封封井器,继续下入至丢手接头以上或设计要求深度。

(3)下刮蜡管柱,一般采用边循环边下管柱施工。如管柱遇阻上提管柱 3~5m,反打入热水循环,循环一周后停泵。再反复活动下入管柱,下入 10m 左右后上提 2~3m,反打入热水循环,循环一周后停泵。如此反复活动下入管柱,每下入 10m 左右打热水循环一次,直至下到丢手接头以上或设计要求深度。

2. 洗井

刮蜡至设计深度后,用井筒容积 1.5~2 倍水温不低于 70℃ 的热水或溶蜡剂洗井,彻底清除井壁结蜡。

3. 起出刮蜡管柱

检查刮蜡器是否有变形,有损坏、变形及时向上级汇报,并重新复查油管。

九、打捞堵水管柱

如原井内有堵水管柱,需要打捞时,选择相应的打捞工具,捞出堵水管柱。

1. 打捞工具的准备

(1)各岗位应进行检查,井架基础、井架无变形、开焊等缺陷。绷绳受力均匀,无打结、断股,每扭矩断丝不超过 5 丝,绷绳端卡子紧固。地锚坚固无松动,大绳无压扁、松股、扭折、硬弯,每扭矩断丝不超过 5 丝。游动滑车、天车、滑轮转动灵活、护罩完好。大钩弹簧、保险销完好、转动灵活、耳环螺栓应紧固。吊环无变形、磨损及腐蚀,吊卡本体无变形、腐蚀、裂纹,月牙、手柄灵活可靠。液压钳配件完整灵活、悬吊牢靠,吊绳、尾绳无断丝固定牢靠,松紧度合适。背钳无裂纹弯曲,尾绳无断丝固定牢靠,松紧度合适。设备运转系统正常、刹车灵活可靠。拉力表灵敏完好。操作人员选择和清理好逃生通道。

(2)根据井下堵水管柱丢手封隔器或丢手接头型号选择相应的打捞工具并认真检查,确保灵活好用。

（3）管柱应刺洗、丈量、计算准确，记录清晰，下井工具应完好，并绘制打捞管柱图。将检查合格的打捞工具与油管短节连紧，将单流阀上紧在欲下井的第一根油管下部，将工作筒上紧在欲下井第二根油管下部。

（4）侧身先打开套管放空闸门后开防喷器，取出全封棒。

（5）拉送油管人员先将连接打捞工具的油管短节抬到油管桥枕上，再将打捞工具下端放在小滑车上并用手压住打捞工具尾部。井口操作人员同时握住吊卡两个耳朵抬起吊卡，将吊卡扣在油管短节接箍下端，关闭月牙，锁紧手柄。翻转180°使月牙朝上。指挥司机下放游动滑车，井口操作人员同时握住吊环挂入吊卡的两个耳朵内，插上吊卡销子锁紧，拉住吊环。指挥司机将打捞工具平稳提起。

（6）拉送油管人员必须站在油管滑道侧面，双手拉住打捞工具，平稳地将打捞工具送至井口操作人员手中。将小滑车推回，待前方上管人员将欲下井第一根油管接箍端抬到油管桥枕上后，拉送油管人员将油管下端的单流阀放在小滑车上。

（7）井口操作人员接到打捞工具后双手扶住打捞工具或油管短节对中井口，待打捞工具顺利通过四通后松开，将另一只吊卡扣在欲下井油管上，合上月牙，锁紧手柄，翻转180°使月牙朝上。

（8）待油管吊卡平稳坐在井口后，井口操作人员上前同时拔出销子，双手拉出吊环挂在另一只吊卡两个耳朵内，插好吊卡销子锁紧，单手拉住吊环，指挥司机将油管平稳提起。待吊卡提过井口，井口操作人员松开吊环后撤一步随着游动系统方向观察。

（9）拉送油管人员必须站在油管外侧，油管吊起前用管钳拉住油管，防止吊起油管时油管前蹿刮井口。油管提离桥枕后用管钳拉住油管与油管上行保持同速前行，同时观察井口人员和游动系统运转的方向，平稳地将油管送至井口操作人员手中。将小滑车推回，待前方上管人员将欲下井第二根油管接箍端抬到油管桥枕上后，拉送油管人员将工作筒外螺纹放在小滑车上。

（10）井口操作人员接到油管后将油管与井内油管接箍对正，指挥司机下放油管将单流阀坐入井内油管内螺纹内，搭好背钳，把液压钳上盖上卸扣旋钮调至上扣方向，挂入高速挡按规定的扭矩将油管螺纹上满、旋紧，保证不渗、不漏、不脱（推荐最佳上紧扭矩：钢级为 J - 55 通称直径为 62mm 非加厚油管 1.45kN·m，钢级为 J - 55 通称直径为 76mm 非加厚油管 2.04kN·m）。将液压钳挂入低速挡，把操纵杆拉到最大位置，使开口齿轮反转，当开口齿轮、壳体缺口复位时，退出。指挥司机上提油管，摘掉井口吊卡扣在下根油管上，双手扶住油管指挥司机下放，待油管接箍通过四通后，后撤一步随游动系统方向观察。将油管平稳下入。

（11）按下油管操作下油管 5 根后装好简易自封，套管改生产，严禁放喷敞口下管。井内排出液体及时进罐回收。

（12）继续下油管，待下至丢手接头以上 10m 时，减慢下放速度，使下放速度控制在 5m/min，至丢手接头以上 1~2m 时，停止下放。

2. 打捞

（1）连接好地面管线，开泵循环，冲洗鱼顶。待循环返出液清洁后停泵，指挥司机缓慢下放打捞，有专人观察悬重变化。

（2）当悬重回降时停止下放,由专人指挥、观察拉力表、绷绳及井架,根据封隔器解封载荷缓慢上提,观察套管溢流及悬重情况,如果套管溢流增大,打捞管柱的正常悬重略有增加,解封成功,捞获。如不是支撑井底管柱也可继续下放管柱验证是否解封捞获。

3. 起工具与管柱

（1）按起油管操作方法起打捞管柱,起打捞管柱时速度不能太快应控制在 30m/min 以内,防止中间遇卡。当起到打捞工具上一根油管时将自封倒掉。

（2）注意起打捞管柱时,应坐好安全卡瓦,时刻防止油管上顶,发现有套管不通、负荷过轻或油管下放遇阻现象,应立即停止起管,关闭防喷器装好旋塞,从套管打入压井液平衡地层压力后再恢复施工起完管柱。

（3）当打捞管柱起到井下工具时,需拆卸自封起时,如套管溢流大,可以将井口控制好,采取套管挤清水或钻井液的方法平衡井内压力后再起出井下工具。

（4）井内排出的液体及时进罐或污油回收装置,不能随意排放。

（5）起完打捞管柱后,将全封棒装入井内,关好防喷器。检查核实捞出的井下工具及管柱,并做好记录存档。

十、探砂面、冲砂、通井、刮削、验串

1. 探砂面、冲砂

（1）冲砂前管柱应丈量、计算准确,记录清晰。检查冲砂弯头各部件紧固,转动灵活,水龙带畅通、无破损。循环设备工作正常。检查好游动、提升系统,保证冲砂过程中提升系统能正常工作;井口操作人员选择和清理好逃生通道。

（2）将冲砂笔尖连在下井第一根油管底部,上紧。侧身打开套管闸门,再打开防喷器,取出全封棒。将冲砂笔尖下入井内。禁止带封隔器、通井规等大直径工具冲砂,以防止砂卡。下油管 5 根后,在井口装好自封封井器。并及时将井里溢出的油和水进罐回收。

（3）继续下油管至距预计砂面以上 30m 时,由专人指挥缓慢加深油管探砂面,核实砂面深度。

（4）将冲砂弯头连接在欲要下井冲砂的第一根油管上,注意严禁使用普通弯头替代冲砂弯头。将水龙带与冲砂弯头连紧,拴好保险绳,并将保险绳固定在大钩上,指挥司机吊起油管,与井内油管连接好,吊油管和连接螺纹时要有专人拉住水龙带末端,防止水龙带旋转伤人。

（5）准备好进、出液罐及沉砂池和充足的冲砂液。按标准连接好出口地面管线,与沉砂池连接固定牢靠。

（6）将水龙带另一端与地面管线连紧,指挥水泥车开泵循环洗井,观察水泥车压力表及排量的变化情况。由专人观察出口返液情况,返出正常后缓慢均匀加深管柱,以免造成砂堵或憋泵。同时用水泥车向井内泵入冲砂液,如因管柱下放过快造成憋泵,立即上提管柱,待泵压和出口排量正常后,方可继续加深管柱。如有进尺则以 0.5m/min 的速度缓慢均匀加深管柱。

（7）当一根油管冲完后,为了防止在接单根时砂子下沉造成卡管柱,要循环洗井 15min 以上,指挥水泥车停泵,并进行管线放空,将水龙带与地面管线相连的一端断开,指挥司机上提管柱卸单根。下拉油管时有专人将水龙带同时拉下,方向与油管一致。

（8）下入一根油管,按上述要求重复接单根冲砂,接单根时动作要迅速,连续加深 5 根油

管后,必须循环洗井 1 周以上再继续冲砂直到人工井底或设计冲砂深度。

(9)冲砂中途不得停泵,如中途作业机出故障,必须进行彻底循环洗井,若水泥车出现故障,应迅速上提管柱至原砂面以上 30m,并活动管柱。冲砂至人工井底或设计要求深度后,要充分大排量循环洗井。直至出口含砂量小于 0.2% 时为合格,起冲砂管柱,结束冲砂作业。

(10)在防喷器内投入全封棒,关闭防喷器及油套管闸门。

2. 通井

(1)组配好通井管柱,检查测量通井规,(选择通井规直径应小于套管内径 6~8mm,长度为 2~4m)并绘制草图注明尺寸。

(2)将通井规连在下井第一根油管底部,并上紧螺纹。侧身打开套管闸门,再打开防喷器,取出全封棒。将通径规平稳下入井内。通井时必须下入能够循环的内防喷工具,下入油管 5 根后,井口装好自封封井器。并及时将井里溢出的油和水回收进罐。

(3)继续平稳操作下油管,速度控制为 10~20m/min。管柱连接螺纹应按标准扭矩上紧、上平,防止管柱脱扣,造成落井事故。要随时检查井架绷绳、地锚井架基础等地面设备变化情况。若发生异常现象,应停止通井并及时采取措施处理后再施工。当通井规距人工井底以上 100m 左右时,应减慢下放速度,同时有专人观察拉力计变化情况。

(4)若通井遇阻,悬重下降 2~2.5kN 时,应上下活动,计算合适遇阻深度,严禁猛放、硬压、要分析原因查明情况并及时上报有关部门处理。

(5)如果下不去,可起出管柱,换缩小 2mm 的通井规继续通井,一直通到方案要求的位置。如通井规在井内遇卡,活动管柱,冲洗无效的情况下,应起出管柱,下铅模或测井进行调查。如探到人工井底则连探 3 次,计算出人工井底深度。

(6)起出通井规,在防喷器内投入全封棒,关闭防喷器及油套管闸门。详细检查通径规,记录数据,如无问题,进行下步施工。如发现通井规上有明显印痕或变形,及时通知相关部门制定下步措施。禁止用通井管柱冲砂或进行其他井下作业。

3. 刮削

(1)组配好刮削管柱,按套管内径选择合适的套管刮削器,并认真检查。

(2)将套管刮削器连接在管柱底部,条件许可时,刮削器下端可多接尾管增加入井时重量,以便压缩收拢刀片、刀板。

(3)侧身打开套管闸门,再打开防喷器,取出全封棒。平稳下入刮削器,下油管 5 根后井口装好自封封井器。

(4)下管柱时要平稳操作,下管柱速度控制为 20~30m/min。下到距离设计要求刮削井段前 50m 时,下放速度控制为 5~10m/min。接近刮削井段并开泵循环正常后,边缓慢顺螺纹紧扣方向旋转管柱边缓慢下放,然后再上提下放管柱反复多次刮削,悬重正常为止。刮削射孔井段时要有专人指挥,井口操作人员撤离井口。

(5)若中途遇阻,应逐渐加压,开始加 10~20kN,最大加压不得超过 30kN,并缓慢上下活动管柱,不得猛提猛放,也不得超负荷上提。当悬重下降 20~30kN 时,应停止下管柱。边洗井边旋转管柱反复刮削至悬重正常,再继续下管柱,一般刮削至射孔井段以下 10m。

(6)刮削完毕要大排量反循环洗井一周以上,将刮削下来的脏物洗出地面。

(7)洗井结束后,起出井内全部刮削管柱。在防喷器内投入全封棒,关闭防喷器及套管闸门。

4. 套压法验窜

(1)按设计要求组配找窜管柱。单封隔器找窜管柱自上而下顺序:上部油管 + 封隔器 + 节流器 + 尾部油管 + 丝堵。双封隔器找窜管柱自上而下顺序:上部油管 + 封隔器 + 节流器 + 封隔器 + 尾部油管 + 丝堵。

(2)侧身打开套管闸门,再打开防喷器,取出全封棒。将组配好的单级或双级封隔器管柱下入井内。

(3)封隔器下至射孔井段以上,验证封隔器和油管密封性能。连接水泥车管线,试压至工作压力的 1.5 倍。正打入清水,压力采用高低高的方法,分别为 10MPa、8MPa、10MPa 或 8MPa、10MPa、8MPa 等 3 个压力值注水,每个压力值稳定时间 10～30min。观察记录套管压力的变化,如果套管压力随油管注水压力的变化而变化,且变化值大于 0.5MPa,则说明封隔器或油管密封性能不合格,要起出管柱,检查油管和井下工具,采取措施后再重新下入。若套管压力变化值小于 0.5MPa,则说明封隔器和油管密封性能合格,可以加深油管至欲测井段找窜,封隔器深度应避开套管接箍部位。

(4)管柱下至预定找窜位置后,连接水泥车管线,正打入清水,按 10MPa、8MPa、10MPa 或 8MPa、10MPa、8MPa 等 3 个压力值注水,每个压力值稳定时间 10～30min。观察记录套管压力的变化,如果套管压力变化值小于 0.5MPa,则可认定无窜槽,可进行下步施工。如果套管压力值随油管注水压力的变化而变化,且变化值大于 0.5MPa,则初步认定该层位至以上井段窜槽。

(5)上提管柱至射孔井段以上验证封隔器密封性。再按 10MPa、8MPa、10MPa 或 8MPa、10MPa、8MPa 等 3 个压力值注水,如封隔器密封,则确定该层位至以上井段窜槽。应及时通知相关部门制定下步措施。

(6)起出验串管柱后,在防喷器内投入全封棒,关闭防喷器及油套管闸门。再次丈量复查管柱,核实深度。

十一、下堵水管柱

1. 组配堵水管柱

(1)刺洗检查油管。

用蒸汽刺洗油管时注意各部位连接情况,防止烫伤。油管丝扣完好,内外壁清洁,接箍、油管无裂痕、无孔洞、无弯曲、无偏磨、管内无脏物。油管自然平行度和内径椭圆度能通过内径规(ϕ62mm 油管用 ϕ59mm × 800mm 的内径规;ϕ76mm 油管用 ϕ73mm × 800mm 的内径规)。及时将刺洗掉的污油污水回收。

(2)丈量油管。

① 丈量油管时,不得少于 3 人,反复丈量 3 次。使用检测合格有效长度为 15m 以上的钢卷尺。一人将钢卷尺"0"刻度对准油管接箍端面,另一人拉直钢卷尺至油管螺纹根部,并读出油管单根长度,第三人将油管长度记录在油管记录纸上。

② 按每 10 根油管一组的顺序依次累计各组油管长度,在油管记录纸上标出各组油管的累计长度。三人三次丈量的管柱累计长度误差不大于 0.02%,做到三对口。

③ 将丈量好的油管整齐排列在油管桥上,每10根一组,以井口方向按下井顺序排列。

（3）组配管柱。

① 将下井的封隔器与配产器等工具摆放在工具架上,搬运时轻拿轻放。

② 按施工设计组配下井管柱,做好记录,连接工具时先将油管螺纹清理干净,涂好密封脂。调整好背钳搭在油管螺纹以上20cm处,检查工具螺纹完好后与油管螺纹对接,先用手逆时针转1~2圈将螺纹引正,然后顺时针上螺纹,上不动时用管钳搭在工具上接头上将工具上紧。

③ 管柱结构应满足施工设计要求。管柱卡点位置应为封隔器密封件上端面,卡点应符合施工设计所规定的范围。封隔器下入深度应避开套管接箍。下井管柱要有下井工具、管柱结构示意图,注明各种下井工具的名称、规范、型号及下井深度。

④ 复查管柱及下井工具,与出厂合格证、施工设计、油管记录对照,多余或换掉的油管从管桥上甩掉,摆放到其他地方,管柱核实无误方可下井。

2. 下堵水管柱

（1）应进行检查,井架基础、井架无变形、开焊等缺陷。绷绳受力均匀,无打结、断股,每扭矩断丝不超过5丝,绷绳端卡子紧固。地锚坚固无松动,大绳无压扁、松股、扭折、硬弯,每扭矩断丝不超过5丝。游动滑车、天车、滑轮转动灵活、护罩完好。大钩弹簧、保险销完好、转动灵活、耳环螺栓应紧固。吊环无变形、磨损及腐蚀,吊卡本体无变形、腐蚀、裂纹,月牙、手柄灵活可靠。液压钳配件完整灵活、悬吊牢靠,吊绳、尾绳无断丝固定牢靠,松紧度合适。背钳无裂纹弯曲,尾绳无断丝固定牢靠,松紧度合适。设备运转系统正常、刹车灵活可靠。指重表灵敏完好。操作人员选择和清理好逃生通道。

（2）侧身先打开套管闸门后开防喷器,取出全封棒。

（3）拉送油管人员先将欲下井第一根油管接箍端抬到油管桥枕上,再将油管尾端放在小滑车上。井口操作人员同时握住吊卡两个耳朵抬起,将吊卡扣在油管接箍下端,关闭月牙,锁紧手柄。翻转180°使月牙朝上。指挥司机下放游动滑车,井口操作人员同时握住吊环挂入吊卡的双耳内,插上吊卡销子锁好,一手拉住吊环。指挥司机将油管平稳提起。待吊卡提过井口,井口操作人员松开吊环后撤一步随着游动系统方向观察。

（4）拉送油管人员必须站在油管外侧,油管吊起前用管钳拉住油管,防止吊起油管时油管前蹿刮井口。油管提离开桥枕后用管钳拉住油管与油管上行保持同速前行,同时观察井口人员和游动系统运转的方向,平稳地将油管送至井口操作人员手中。将小滑车推回,待前方上管人员将欲下井第二根油管接箍端抬到油管桥枕上后,拉送油管人员将油管外螺纹放在小滑车上,并在外螺纹上涂好密封脂。

（5）井口操作人员接到油管后双手扶住油管对中井口,待油管尾部顺利通过四通及套管短节后松开油管,将另一只吊卡扣在欲下井油管上,关闭月牙,锁紧手柄后撤一步随着游动系统方向观察。

（6）待油管吊卡平稳坐在井口后,井口操作人员上前同时拔出销子,双手拉出吊环挂在另一只吊卡双耳内,插好吊卡销子锁好,指挥司机上提油管。

（7）井口操作人员接到第二根油管后将油管与井内油管对正,指挥司机下放油管将外螺纹坐入井内油管母螺纹内,搭好背钳,把液压钳上盖上卸扣旋钮调至上扣方向,挂入高速挡按规定的扭矩将油管螺纹上满、旋紧,保证不渗、不漏、不脱(推荐最佳上紧扭矩:钢级为 J－55 通称直径为62mm 非加厚油管 1.45kN・m,钢级为 J－55 通称直径为76mm 非加厚油管 2.04 kN・m。)将液压钳挂入低速挡,把操纵杆拉到最大位置,使开口齿轮反转,当开口齿轮、壳体缺口复位时,退出。摘掉井口吊卡,将油管平稳下入。

(8)向井内下入封隔器或堵水器时;上管人员将连有封隔器或堵水器的油管接箍端放置在油管桥枕上,工具外螺纹放在小滑车上。井口操作人员将吊卡扣在油管接箍下端,锁好手柄,指挥司机要平稳起吊。与井内油管连接时搭好背钳,调整好上扣管钳,按顺时针方向搭在封隔器或堵水器下接头上,旋转管钳上紧扣,严禁用液压钳上扣。指挥司机上提管柱,摘掉井口吊卡,指挥司机平稳下放,工具入井时井口操作人员必须双手扶正,防止刮碰井口。待工具通过四通后,后撤一步随着游动系统方向观察。下完所有下井工具后装好简易自封,套管改生产,严禁放喷敞口下管。井内排出液体及时进罐回收。

(9)按下油管操作继续下油管,下到设计井深最后 5～10 根时,下放速度要控制在5m/min左右,防止因长度误差顿弯油管。

(10)下完最后一根油管,将旋塞阀拿至井口,将外螺纹坐入井口油管内螺纹内,用手逆时针方向转 1～2 圈,将扣引正后用手顺时针方向上扣,上不动时,搭好背钳,用管钳上紧。用旋塞阀扳手按旋塞阀壳体上关闭指示方向关闭旋塞阀,等待磁性定位。

(11)施工人员各负其责,紧密配合,服从指挥。下油管过程中注意随时检查手柄销子、月牙、背钳是否安全好用,随时观察修井机、井架、绷绳和游动系统的运转情况,发现问题立即停车待采取措施处理后再继续施工。五级风以上、雷雨天、雾大视线不清天气时禁止作业。

十二、磁性定位、释放、丢手、起丢手管柱

1. 磁性定位

(1)作业队应根据井下管柱结构,提前一天向调度做磁性定位计划。

(2)作业队应保证井场不影响定位车辆摆放与施工,测试队到井后作业队将旋塞阀打开并卸掉。

(3)作业队及时向测试队提供施工设计、井下管柱及工具名称、型号、深度等资料。

(4)作业队根据磁性定位深度与自己组配的井下工具深度对比核实,如符合设计要求范围则可进行下步施工。如不符合设计要求范围,支撑到人工井底的管柱,需起出管柱重新组配再下入,如不是支撑到人工井底的管柱,可用油管短节对井内管柱进行微调,使管柱深度达到设计要求范围内。

(5)及时将数据通知有关部门,准备释放封隔器。

2. 释放封隔器

(1)释放封隔器必须用水泥车,连接好地面管线,严禁使用软管线。

(2)将三通连紧在井口油管上,与地面管线连紧,人员撤离到安全区域。用清水试压20～25MPa,管线各连接部位不刺不漏为合格。

(3)用水泥车低挡慢速将油管灌满清水,三通上部连紧丝堵。由专人指挥观察压力,其余人员撤离到安全区域。

(4)指挥水泥车司机按井下封隔器释放压力平稳打压,由低到高,每个压力达到规定的释

放压力值并按规定时间稳压。

（5）注意观察套管压力或溢流量的变化。如套管压力下降或溢流量减少，证明释放效果良好，在缓慢上提管柱观察悬重，若悬重大于全井管柱正常悬重，证明坐封成功。

3. 丢手

（1）封隔器释放成功后，指挥作业机司机缓慢上提油管，观察拉力表负荷为封隔器以上油管负荷时停止。

（2）指挥水泥车继续增压至丢手压力（18～20MPa），如压力突然下降，套管返液，证明丢手成功。

（3）缓慢下放管柱核实卡瓦是否支撑在套管壁上。如能在预定的位置管柱遇阻，证明卡瓦已牢固的支撑在套管壁上，坐封成功。

（4）上提管柱 1m 左右，用清水正洗井一周以上。

4. 起出丢手管柱

按起管柱操作方法起出丢手管柱，检查丢手接头是否正常。注意起到丢手接头时倒掉简易自封。在防喷器内投入全封棒，关闭防喷器及套管闸门。检查丢手接头是否丢手正常并做好记录。

十三、下完井管柱

1. 刺洗检查油管抽油杆

用蒸汽刺洗油管时注意各部位连接情况，防止烫伤。油管螺纹完好，内外壁清洁，接箍、油管无裂痕、无孔洞、无弯曲、无偏磨，管内无脏物。油管自然平行度和内径椭圆度能通过内径规（$\phi62mm$ 油管用 $\phi59mm \times 800mm$ 的内径规；$\phi76mm$ 油管用 $\phi73mm \times 800mm$ 的内径规）。刺洗抽油杆时要求螺纹完好，无弯曲、本体清洁、无脏物。及时将刺洗掉的污油污水回收。

2. 丈量油管、抽油杆

（1）丈量油管时，不得少于 3 人，反复丈量 3 次。使用检测合格有效长度为 15m 以上的钢卷尺。一人将钢卷尺"0"刻度对准油管（抽油杆）接箍端面，另一人拉直钢卷尺至油管（抽油杆螺纹上部台肩锁紧端面处）螺纹根部，并读出油管（抽油杆）单根长度，第三人将油管（抽油杆）长度记录在油管记录纸上。

（2）按每 10 根油管（抽油杆）一组的顺序依次累计各组油管（抽油杆）长度，在油管（抽油杆）记录纸上标出各组油管（抽油杆）的累计长度。三人三次丈量的管柱累计长度误差不大于 0.02%，做到三对口。

（3）将丈量好的油管（抽油杆）整齐排列在油管桥上，每 10 根一组，以井口方向按下井顺序排列。

3. 组配管柱结构

（1）将下井的抽油泵用桥座架起，摆放平稳，用手拉动活塞在衬套内运动自如，配合间隙松紧适宜，并有一定抽吸力，方可使用。

（2）组装泵时，活塞、脱接器及下井工具应保持清洁。管钳应打在泵的两头压紧接箍处，涂抹密封脂，依次将下井工具连紧。

（3）管柱结构应满足施工设计要求。下井管柱要有下井工具、管柱结构示意图，注明各种下井工具的名称、规范、型号及下井深度。

（4）管柱配好后要与出厂合格证、施工设计、油管记录对照，多余或换掉的油管、抽油杆去掉，摆放到其他地方，核实无差错方可下井。

（5）以机械采油井管柱设计的泵挂深度和尾管完成深度组配，即计算方法为：

泵挂深度 = 油补距 + 油管挂长度 + 油管累计长度 + 泵筒吸入口以上长度

4. 下泵管柱

（1）各岗位应进行检查，井架基础、井架无变形、开焊等缺陷。绷绳受力均匀，无打结、断股，每扭矩断丝不超过5丝，绷绳端卡子紧固。地锚坚固无松动，大绳无压扁、松股、扭折、硬弯，每扭矩断丝不超过5丝。游动滑车、天车、滑轮转动灵活、护罩完好。大钩弹簧、保险销完好、转动灵活、耳环螺栓应紧固。吊环无变形、磨损及腐蚀，吊卡本体无变形、腐蚀、裂纹，月牙、手柄灵活可靠。液压钳配件完整灵活、悬吊牢靠，吊绳、尾绳无断丝固定牢靠，松紧度合适。背钳无裂纹弯曲，尾绳无断丝固定牢靠，松紧度合适。设备运转系统正常、刹车灵活可靠。指重表灵敏完好。操作人员选择和清理好逃生通道。

（2）侧身先打开套管闸门后开防喷器，取出全封棒。

（3）拉送油管人员先将欲下井第一根油管接箍端抬到油管桥枕上，再将油管尾端放在小滑车上。井口操作人员同时握住吊卡两个耳朵抬起，将吊卡扣在油管接箍下端，关闭月牙，锁紧手柄。翻转180°使月牙朝上。指挥司机下放游动滑车，井口操作人员同时握住吊环挂入吊卡的双耳内，插上吊卡销子锁紧，拉住吊环。指挥司机将油管平稳提起。待吊卡提过井口，井口操作人员松开吊环后撤一步随着游动系统方向观察。

（4）拉送油管人员必须站在油管侧面，油管吊起前用管钳拉住油管，防止吊起油管时油管前蹿刮井口。油管提离桥枕后用管钳拉住油管与油管上行保持同速前行，同时观察井口人员和游动系统运转的方向，平稳地将油管送至井口操作人员手中。将小滑车推回，待前方上管人员将欲下井第二根油管接箍端抬到油管桥枕上后，拉送油管人员将油管外螺纹放在小滑车上，并在外螺纹上涂好密封脂。

（5）井口操作人员接到油管后双手扶住油管对中井口，待油管尾部顺利通过四通及套管短节后松开油管，将另一只吊卡扣在欲下井油管上，合上月牙，锁紧手柄后撤一步随着游动系统方向观察。

（6）待油管吊卡平稳坐在井口后，井口操作人员上前同时拔出销子，双手拉出吊环挂在另一只吊卡双耳内，插好吊卡销子锁紧，指挥司机上提油管。

（7）井口操作人员接到第二根油管后将油管与井内油管对正，指挥司机下放油管将外螺纹坐入井内油管内螺纹内，搭好背钳，把液压钳上盖上卸扣旋钮调至上扣方向，挂入高速挡按规定的扭矩将油管螺纹上满、旋紧，保证不渗、不漏、不脱（推荐最佳上紧扭矩：钢级为 J-55 通称直径为62mm非加厚油管1.45kN·m，钢级为 J-55 通称直径为76mm非加厚油管2.04kN·m）。将液压钳挂入低速挡，把操纵杆拉到最大位置，使开口齿轮反转，当开口齿轮、壳体缺口复位时，退出。摘掉井口吊卡，将油管平稳下入。如此操作下完尾管。

（8）抬泵时一定要轻抬轻放，操作人员将泵前端放置在油管桥枕上，筛管外螺纹放在小滑车上。井口操作人员将吊卡扣在泵头接箍下端或提升短节上,指挥司机平稳吊起。与井内油管连接时搭好背钳,调整好上扣管钳按顺时针方向搭在筛管上,严禁搭在泵体上,旋转管钳上紧扣,严禁用液压钳上扣。摘掉井口吊卡,指挥司机平稳下放,泵入井时井口人员双手扶正泵防止刮碰井口。下完泵后装好简易自封,套管改生产,严禁放喷敞口下管。井内排出液体及时进罐回收。

(9)按下油管操作继续下油管,下到设计井深最后几根时,下放速度不超过5m/min,防止因长度误差顿弯油管。

(10)油管下到最后一根时,侧身关上套管生产闸门,打开套管放空闸门,倒掉简易自封。将清洗干净检查完好的油管头抬至井口,将油管头下方外螺纹坐入井内油管内螺纹内,用手逆时针方向转1~2圈,对正扣后用手顺时针方向上扣,上不动时,搭好背钳,用管钳上紧。把吊卡扣在提升短节上锁紧手柄,挂好吊环,指挥司机上提,摘掉油管头下面的吊卡,对好井口平稳坐入四通内,对角顶紧顶丝。用管钳卸松提升短节后用手卸掉,放置在工具架上。

(11)施工人员各负其责,紧密配合,服从指挥。下油管过程中注意随时检查手柄销子、月牙、背钳是否安全好用,随时观察修井机、井架、绷绳和游动系统的运转情况,发现问题立即停车处理。五级风以上、雷雨天、雾大视线不清天气时禁止作业。

5. 拆防喷器、装井口

(1)将防喷器螺丝砸松卸掉,把钢丝绳套拴牢在防喷器吊环上,挂在大钩内锁紧保险销,拴好牵引绳。由专人扶住防喷器防止刮碰流程,指挥司机缓慢上提吊离井口后井口人员撤离井口,继续上提至合适高度,指挥司机缓慢下放。同时操作人员拉住牵引绳将防喷器平稳拉至地面,摘下绳套、牵引绳。清理干净后收回工具房。

(2)清理干净采油树、四通及卡片上的钢圈槽,涂上黄油,将检查合格的大小钢圈放入槽内,把钢丝绳套一端拴牢在采油树上,另一端挂在大钩内锁死,拉住牵引绳扶住采油树,防止刮碰井口流程,专人指挥司机平稳吊起坐在四通上调整井口确认钢圈入槽,对正油管生产闸门。用螺栓对角连紧四通与井口,上下法兰间隙一致,螺栓上部统一留半圈螺纹,取下钢丝绳套。装正装平卡箍,卡箍两边之间缝隙大小一致,螺帽上满平整。各闸门手轮方向应一致。

6. 安装光杆密封器

(1)卸开光杆密封器防喷盒密封圈帽上的压盖,取出其中的上压帽、胶皮密封圈及下压帽,按次序排好。

(2)把新胶皮密封圈倾斜于平面用钢锯锯开一个切口。

(3)在光杆没有接头的一端,依次穿过胶皮闸门、下压帽、上压帽及压盖至光杆下端。

(4)把胶皮密封圈用手掰开放在上、下压帽之间,按数量要求装够,上、下两块应避开切口位置,装入防喷盒内。

(5)把上压帽放入防喷盒内压住胶皮密封圈,上紧防喷盒压盖,拧紧胶皮闸门两个手轮。

7. 下抽油杆

(1)各岗位进行安全巡回检查,井架基础坚实、井架无变形开焊等缺陷。绷绳受力均匀、无打结、断股,每扭矩断丝不超过5丝,绷绳端卡子紧固。地锚坚固无松动,大绳无压扁、松股、扭折、硬弯,每扭矩断丝不超过5丝。游动滑车、天车、滑轮转动灵活、护罩完好。大钩弹簧、保险销完好、转动灵活、耳环螺栓应紧固。抽油杆吊钩无伤痕、腐蚀、裂纹,保险销灵活好用,绳套符合要求。抽油杆吊卡本体无变形、磨损、腐蚀、裂纹,灵活。背钳无裂纹弯曲,尾绳无断丝固定牢靠。设备运转系统正常、刹车灵活可靠。拉力表完好。操作人员选择和清理好逃生通道。

(2)拆掉大钩耳环螺栓上的保险销,卸掉螺母,抽出螺栓,取出吊环,再将螺栓穿入耳环,上紧螺母插好保险销。将抽油杆吊钩挂在大钩内锁紧保险销,拉杆人员将欲下井第一根抽油杆前端放到桥枕上,井口操作人员把抽油杆吊卡卡在抽油杆上,检查是否锁住抽油杆,下放吊钩,打开保险销,将抽油杆吊环放入钩内锁好保险销,手扶住抽油杆吊卡环,防止挂碰井口。指挥司机缓慢上提,待吊卡高于井口,松开抽油杆吊卡环,后撤一步,随着游动系统方向观察。

(3)拉送抽油杆人员将通道清理干净无障碍物,拉住抽油杆后端随时注意游动系统和井口动态,待抽油杆吊起后,用与抽油杆上行的速度平稳将抽油杆送至井口人员手中。

(4)井口操作人员扶住抽油杆对中井口,待活塞或脱接器顺利通过井口后,松开抽油杆,将另一只吊卡卡在抽油杆桥欲下井抽油杆上,后撤一步,随着游动系统方向观察。

(5)司机平稳下放抽油杆,使抽油杆吊卡坐在井口上,井口操作人员扶住吊钩打开保险销,拿出抽油杆吊环,下放吊钩,将另一只抽油杆吊环放入吊钩内锁好保险销,指挥上提,高度以抽油杆下端接头对准井口抽油杆上接头为准。

(6)将第二根抽油杆下端接头与井口抽油杆接头对接,将背钳逆时针方向背牢在井内抽油杆接头处的四棱处,用管钳平稳上满扣并按规定扭矩锁紧。指挥司机上提使井口吊卡解除负荷,井口操作人员一只手握住抽油杆吊卡环,另一只手捏住吊卡手柄,并向外拉动吊卡,使其退出抽油杆,然后卡在下一根抽油杆上,后撤一步,随着游动系统方向观察。直至下完抽油杆。

(7)在光杆无接头一端10~15cm处卡紧方卡子后上紧防脱帽。将光杆抬到桥枕上。

(8)井口人员将抽油杆吊卡扣在刚卡好的方卡子下面,指挥司机下放抽油杆吊钩,挂上抽油杆吊卡,指挥司机缓慢吊起,同时地面人员扶住光杆密封器,随着上行速度送至井口人员手中。指挥司机下放光杆与井内抽油杆对接并上紧,上提光杆取出抽油杆吊卡,下放光杆至胶皮闸门接近井口时,停止下放,打开光杆密封器两面手轮缓慢下放光杆,使活塞进入泵筒。

(9)活塞坐进泵筒后,光杆伸入顶丝法兰以下长度不小于防冲距与最大冲程长度之和,光杆在防喷盒平面以上长度应在1.2~1.5m之间。将光杆密封器与井口连接紧。

(10)施工人员各负其责,紧密配合,服从指挥。下抽油杆过程中注意随时检查抽油杆吊卡、吊钩、管钳、背钳是否安全好用,随时观察修井机、井架、绷绳和游动系统的运转情况,发现问题立即停车采取措施处理后再继续施工。五级以上大风等恶劣天气时严禁施工。

十四、释放洗井、调防冲距、装驴头及悬绳器

1. 释放洗井

(1)装有活堵的井,首先将光杆上提使柱塞提出泵筒,防止过高,接箍碰光杆密封器。接好释放管线,试压。用水泥车将油管灌满清水正打压10MPa,稳压5min。打开活堵。

(2)装有其他井下内防喷工具的井,按照要求进行施工。

(3)倒好反洗井管线和流程,井口操作人员侧身打开套管闸门打入洗井工作液。洗井时有专人观察泵压变化,泵压不能超过油层吸水启动压力。排量由小到大,压力正常后逐渐加大排量,排量一般控制在0.3~0.5m³/min。

（4）热洗应保证水质清洁，水量不低于井筒容积的 2 倍，水温不低于 70℃。洗井过程中，随时观察并记录泵压、排量。

（5）洗井施工期间操作人员不得跨越管线。洗井完毕后，关闭进口套管闸门，拆卸洗井管线，抬放到管爬犁上，其他配件回收至工具房内。

2. 调防冲距

（1）防冲距高度的确定：一般原则是 100m 泵挂深度其防冲距为 5～10cm，现场施工经验是：泵挂深度在 500m，防冲距约 30cm，泵挂深度 600～800m，防冲距约 50cm，泵挂深度 800～1000m，防冲距约 70cm。

（2）用通井机缓慢下放光杆，速度要缓慢，严禁猛放。使深井泵活塞与深井泵的固定阀接触时拉力表稍有显示即可在与防喷盒平齐位置的光杆上打上记号。

（3）将光杆缓慢上提到确定的防冲距高度，在防喷盒上卡好方卡子。卡方卡子时，方卡子与光杆接触部位要清理干净，严禁手抓光杆，方卡子牙一定要朝上，卡反了会造成砸泵事故。

（4）利用提升设备缓慢试抽，试抽合格后下放光杆，使方卡子坐在防喷盒上。

（5）取下吊钩及抽油杆吊卡，卸掉上部方卡子。

3. 装驴头及悬绳器

（1）拆卸式驴头。

① 确定操作指挥人员，确定各岗位之间配合。检查抽油机刹车，检查吊绳、安全带、携带工具符合要求。

② 由专人合上电源开关，松开抽油机刹车，启动抽油机，注意抽油机曲柄旋转范围内不许站人。使抽油机处于下死点，刹死刹车，断开电源。并在原地守护。

③ 将驴头用钢丝绳套固定牢靠，下放滑车，将绳套另一端挂在大钩内锁好保险销。在驴头上拴好牵引绳，指挥司机缓慢上提，将驴头摆正，同时地面人员拉住牵引绳防止驴头挂碰井口流程、光杆或游梁，吊装过程中井口严禁站人，待驴头吊至超过游梁高度时停车刹死刹车。

④ 上驴头前，清理好脚下异物，系好安全带，所用工具系好保险绳，平稳上到抽油机游梁上，固定好安全带及所带工具，注意抽油机下不得站人。操作人员双手扶住驴头两侧对中游梁，示意指挥人员下放滑车，指挥人员指挥司机平稳下放将驴头放置在游梁上，地面人员向游梁内侧拉牵引绳，使驴头紧靠游梁，插上驴头安全销子同时在销子上插上保险销。分别调整并顶紧两边的顶丝，使驴头对中井口，取下牵引绳。

⑤ 将毛辫子挂在大钩内与悬绳器一同吊起超过光杆高度，缓慢下放，井口人员扶住悬绳器将悬绳器平稳穿进光杆，在悬绳器下方卡上方卡子，指挥下放滑车使毛辫子解除负荷，将毛辫子从大钩内摘下挂到驴头上。卸松悬绳器下方的方卡子，在悬绳器下方 10～20cm 处卡紧防掉卡子。

⑥ 将工字架按顺序装入光杆，带紧防掉帽，在工字架上方卡紧方卡子。缓慢松抽油机刹车，使抽油机承受负荷，待坐在抽油杆密封器上的卡子上行 10～20cm 时刹死刹车，确认无问题后卸掉方卡子。

⑦ 12 型和 14 型抽油机拆装驴头必须用吊车吊装。

（2）侧翻式驴头。

① 打开拴在游梁一端的牵引绳,地面人员拉住牵引绳朝支架梯子方向拉动驴头,拉正后用固定销子固定牢固,装好保险销。

② 启动抽油机使驴头处于下死点,用绳套吊起悬绳器穿过光杆,将工字架按顺序装入光杆,带紧防吊帽,在工字架上方卡紧方卡子。

(3)上翻式驴头。

在驴头上挂好专用绳套,用游动滑车将驴头缓慢复位并锁紧,装好悬绳器。

十五、试抽、憋泵、交井

1. 试抽、憋泵

(1)试抽、憋泵前通知采油队技术人员到现场。

(2)打开生产闸门,倒好流程,人员撤离井口和抽油机两侧,一人指挥一人启动抽油机,启动时缓慢松开刹车,启动电源试抽二冲程,达到不碰泵、无活塞抽出泵工作筒显示,井口听不到刮总闸门等异常声响,光杆在抽油机驴头中心,不刮防喷盒,无卡泵及阻塞现象,指挥停机,刹好刹车,断开电源。

(3)在井口油管闸门处装好试压装置和校验合格压力表,一般选用 16MPa 的压力表(压力表的实际工作压力要在最大量程的 1/3 ~ 2/3 之间),表盘清洁处于便于观察的方向。

(4)操作人员侧身打开油管闸门,关闭生产闸门。井口一人指挥,其他人员撤离到安全区域。一人启动抽油机一人操作刹车,当油压升至 3 ~ 4MPa 时,断开抽油机电源刹死刹车。稳压 15min,压力下降小于 0.3MPa 为合格。采油队技术人员认可后签字。

(5)检查流程是否正常,缓慢打开生产闸门泄压,关闭油管闸门,打开考克泄压螺钉泄压,卸掉压力表及试压装置。

2. 收尾交井

(1)检查是否摘下作业机与齿轮泵的挂合,油箱出油、回油阀门是否关闭。拆下高压胶管,盘卷好拆下的胶管,两端接头对接,装车或放置工具房摆放,拆下尾绳,操作绞车下放钳体至地面,拆掉连接浮筒钢丝绳及浮筒,收回工具房。上提大钩至井架小滑轮处,操作人员系好安全带上至井架系好安全带,拆下固定滑轮的钢丝绳套挂在大钩内,下放大钩摘下绳套,拉出液压钳吊绳盘好收回。将液压钳清洗干净收回工具房。

(2)将游动滑车拉到地面并松开大绳,拉力表平稳拉至地面,拆掉拉力表连接螺栓,装好专用接头,缓慢将游动滑车提起。卸下吊环,打开大钩保险销,两人扶住滑车双耳,将固定大钩的钢丝绳套放入大钩内锁好保险销,指挥司机缓慢上提,使各股大绳受力均匀,大钩脖子稍微伸出时停止,操作人员系好安全带,带好扳手,上到井架上固定好安全带,用绳卡子将大绳活绳卡紧,下到地面。操作人员拉住活绳,指挥司机缓慢下放使快绳解除负荷并缓慢匀速转动滚筒,操作人员拉住活绳将盘在滚筒上的大绳拉至地面后,刹死刹车,从滚筒外侧拉出活绳头,拆掉活绳头上的绳卡子。将大绳整齐地盘在井架上。

(3)起出的井下工具及泵和多余杆、管摆放整齐,及时回收。将搭油管、抽油杆桥的油管抬至油管爬犁上摆放整齐,将油管、抽油杆桥座清理干净收回工具房摆放整齐。

(4)井口设备流程与施工前保持一致或按设计执行。刺洗干净,保证齐全,井口螺丝紧固平齐无刺漏。

（5）井口防喷盒密封,抽油机悬绳器摆正,垂直不打扭。

（6）工具、配件必须清理干净后装在工具房里,池子清理干净,盛液容器必须放空排净。

（7）井场干净、平整及井场外围符合环保要求。

（8）倒好生产流程,启抽投产,与采油队交井。

十六、施工总结编写

1. 施工总结内容

（1）基本数据。

套管规范、套管下入深度、人工井底、射孔井段、油层中部深度、射孔层位、原始压力、补心距、套补距、套管法兰短接长度、采油树型号。

（2）编写内容。

标准井号、施工目的、施工日期、完井管柱示意图、施工内容、备注说明、施工单位、填表人及审核人。

2. 施工总结编写要求

（1）整理班报、油管(抽油杆)柱记录,按工艺要求、工序先后顺序总结本次施工过程。做到日期、时间衔接。

（2）按总结表格内容项目进行填写。

（3）填写各项静态数据,应与设计一致,施工中出现补孔、更换井口等,射孔井段、油套补距发生变化,应以变化后录取数据为准。

（4）作业资料录取项目执行相关标准。

（5）井下管柱结构图与管(杆)记录一致,与设计相符。井下管柱结构及井下工具示意图执行相关标准。

（6）施工中遗留问题及井下技术状况,应在总结备注栏内标注清楚。

（7）施工总结中应注明上次管、杆下井日期及厂家。

（8）施工总结应注明抽油杆扶正器组装位置及类型和厂家。

（9）施工总结应注明所有下井工具型号、厂家。

3. 施工总结的审核

施工总结应在施工井完工七天内报施工单位技术部门审核,由技术部门上交或用微机网络传送到厂有关技术部门审核后上公司企业网。

第四节　机械堵水常用工具

机械堵水是使用封隔器及其配套的控制工具来封堵高含水层,阻止(地层水或注入水)流入井内。对一口井究竟采用哪种堵水方式,要视每口井层位多少和出水的层位及数量而定,然后配以合适的堵水管柱及工具,即可达到堵水的目的。下面简单介绍几种油田常规机械堵水管柱及其使用的井下工具:

（1）Y111-114(Y151-114)支撑压缩式封隔器和支撑卡瓦配套使用或 Y221-114 型单

卡瓦封隔器,主要用于卡瓦支撑整体堵水管柱。

(2)Y344 – 114 – D – CY – 90/15(752 – 2)压缩式封隔器或 Y341 – 114 – D – JH – 90/15(Y341 –114FPS)双缸平衡上下压差封隔器和 KPX – 113(DQ635 – 2)偏心配产器配套使用,主要用于平衡堵水管柱。

(3)由丢手接头、Y441 – 114 型双向卡瓦封隔器或 Y445 – 114(253 – 4)型丢手封隔器、Y341 – 114 型压缩式封隔器和 KPX – 113(DQ635 – 2)偏心配产器及丝堵组成,主要用于卡瓦悬挂式堵水管柱。

(4)由 Y433 – 114 型封隔器、坐封器、延伸工作筒等井下工具组成,主要用于可钻式封隔器堵水管柱。

目前,以上几种封隔器及其配套的控制工具在机械堵水管柱中用量逐渐减少。现在大庆油田萨北开发区常用的封隔器及其配套的控制工具主要有 FXZY445 – 114 – CY3 封隔器、FXZY341 – 114 – CY3 封隔器和 DSIII – 114 – 46 – ZR 堵水器(可调堵水器)配套使用,主要用于逐级解封自验封堵水工艺管柱。其特点有:

(1)多个工具组成管柱一次连接下井,同时完成坐封与验封。

(2)设有抗阻机构,工具遇软硬阻不坐封。

(3)实现逐级解封自验封,FXZY445 – 114 – CY3 封隔器解封时卡瓦强制收回,FXZY341 –114 – CY3 封隔器采取分级解封结构,解封彻底可靠。

一、FXZY445 –114 – CY3 封隔器

(1)用途。

用于机堵井封堵夹层水。

(2)FXZY445 –114 – CY3 封隔器的结构见图 5 –10。

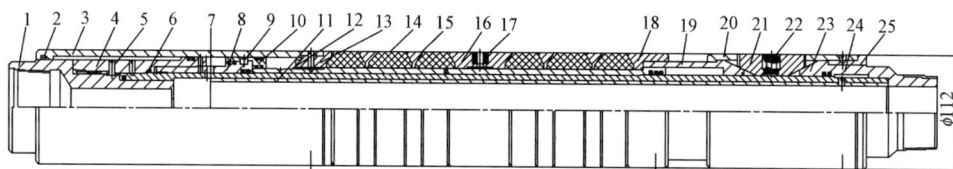

图 5 –10 FXZY445 – 114 – CY3 封隔器的结构示意图

1—上接头;2—锁簧;3—缸筒;4—锁定套;5—丢开销钉;6—连接管;7—坐封销钉;8—活塞;9—验封销钉;
10—验封活塞;11—打捞管;12—胶筒轴;13—上压环;14—胶筒;15—隔环;16—中隔环;17—验封件;
18—下压环;19—上锥体;20—卡瓦罩;21—卡瓦;22—弹簧;23—下接头;24—解封销钉;25—导向帽

(3)工作原理。

坐封:用 2⅞in 油管连接工具,下井到设计位置,向油管内注水打压,当压力达到 6MPa 时,坐封销钉剪断,活塞下行,推动上锥体下行,将卡瓦胀出,卡瓦锚定于套管内壁,以卡瓦力支撑压缩胶筒,同时锁簧与锁定套锁定,当压力达到 16MPa 时,卡瓦锚定牢固,胶筒胀封完成。

验封:当压力达到 18MPa 时,剪断验封销钉,验封活塞下行,液流进入左、右两组胶筒中间,检验胶筒的密封性能。

丢开:上提将管柱与工具丢开。

解封:使用期过后,用2in捞锚插入工具打捞管内,上提剪断解封销钉,打开锁定机构,即可将工具解封,捞出。

(4)FXZY445 - 114 - CY3 封隔器的技术参数见表 5 - 1。

表 5 - 1　FXZY445 - 114 - CY3 封隔器技术参数

项目	参数
试用套管内径(mm)	$\phi 118 \sim \phi 126$
最大刚体外径(mm)	$\phi 112$
最小内通径(mm)	$\phi 50$
总长度(mm)	1520
连接扣型	$2\frac{7}{8}$ TBG
坐封压力(MPa)	16
验封压力(MPa)	$18 \sim 20$
验封通道面积(mm^2)	12.5
丢开载荷(kN)	$50 \sim 80$
工作压力(MPa)	25
卡瓦锚定力(kN)	300
卡瓦对套管损伤程度(mm)	0.15
解封拉力(kN)	$40 \sim 60$

(5)使用操作及注意事项。

① 准备:工具下井前先进行通井、洗井,保证井内通畅。

② 下井:按设计要求配制下井管柱,用$2\frac{7}{8}$TBG油管配接工具和死堵,下井到预定位置。

③ 坐封、验封:工具下到设计位置后,注水打压,完成坐封、验封。

④ 丢开、探井:上提管柱 50 ~ 80kN,分离送封工具。丢开后上提管柱 5m 以上,再缓慢下放管柱进行探井,探井力不大于 50kN。

⑤ 解封、打捞:用 2in 内捞锚下井打捞,上提 FXZY445 - 114 - CY3 封隔器即可解封起出。

⑥ 下井速度控制在 30 ~ 40 根/h 之间。

⑦ 工具下井过程中遇硬阻卡死时,上提力不许大于 200kN。如上提不解卡可进行坐封、丢开、打捞操作。

⑧ 工具在运输及保管过程中,严禁碰撞。

⑨ 贮存时,需平直摆放,防雨淋和腐蚀。

二、FXZY341 - 114 - CY3 型封隔器

(1)用途。

用于机堵井封堵夹层水。

(2)FXZY341 - 114 - CY3 型封隔器的结构如图 5 - 11 所示。

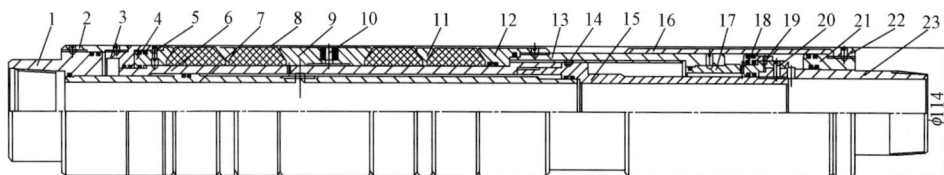

图 5 - 11　FXZY341 - 114 - CY3 型封隔器的结构示意图

1—上接头;2—提解套;3—平衡塞;4—上压环;5—解封销钉;6—胶筒轴;7—上中心管;8—胶筒;
9—中隔环;10—验封件;11—隔环;12—下压环;13—锁定套;14—锁簧;15—下中心管;16—缸筒;
17—活塞;18—验封活塞;19—验封销钉;20—坐封销钉;21—密封塞;22—导向帽;23—下接头

（3）工作原理。

坐封:油管内打压到6MPa时,剪断坐封销钉,活塞上行,压缩胶筒,同时锁簧与锁定套锁定,当压力达到18MPa时,胶筒胀封完成。

验封:当压力达到18MPa时,验封销钉剪断,验封活塞上行,液流进入左、右两组胶筒中间,检验胶筒的密封性能。

解封:上提管柱,工具下中心管不动,上中心管上行,剪断解封销钉,打开锁定,工具解封;继续上提,挂下中心管上行,进行下一级工具解封操作。

（4）FXZY314 - 114 - CY3 封隔器的技术参数见表5 - 2。

表5 - 2　FXZY314 - 114 - CY3 封隔器的技术参数

项目	参数
试用套管内径(mm)	$\phi118 \sim \phi127.3$
最大刚体外径(mm)	$\phi114$
最小内通径(mm)	$\phi50$
总长度(mm)	1433
连接扣型	$2\frac{7}{8}$TBG
坐封压力(MPa)	19
验封压力(MPa)	20 ~ 23
验封通道面积(mm^2)	12.5
工作压力(MPa)	25
解封拉力(kN)	20 ~ 60

（5）使用操作及注意事项。

① 工具下井前先进行通井、洗井,保证井内通畅。

② 按设计要求配制下井管柱,用$2\frac{7}{8}$TBG 油管配接工具和死堵,下井到预定位置。

③ 工具下到设计位置后,注水打压,完成坐封、验封。

④ 用 2in 内捞锚下井打捞,上提 FXZY445 - 114 - CY3 封隔器Ⅰ号工具解封,之后FXZY341 - 114 - CY3 封隔器Ⅱ号工具分级解封。

⑤ 工具在运输及保管过程中,严禁碰撞。

⑥ 贮存时,需平直摆放,防雨淋和腐蚀。

三、DSⅢ – 114 – 46 – ZR 堵水器

（1）用途：用于油井机械堵水，实现不压井作业，洗井不压油层。

（2）DSⅢ – 114 – 46 – ZR 堵水器的结构如图 5 – 12 所示。

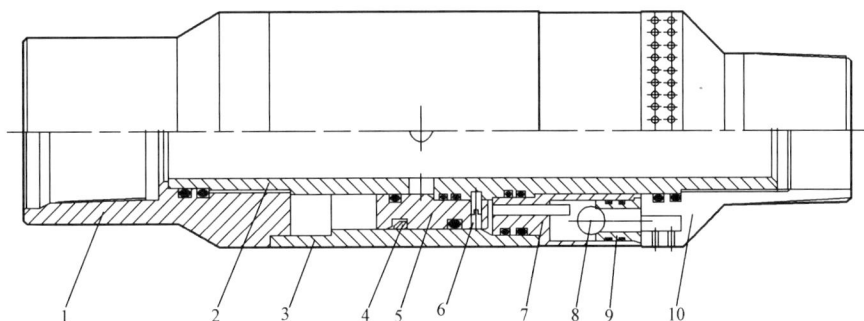

图 5 – 12　DSⅢ – 114 – 46 – ZR 堵水器的结构示意图

1—上接头；2—中心管；3—外套；4—卡簧；5—不压井滑套；

6—固定销钉；7—阀体；8—阀；9—阀座；10—下接头

（3）工作原理：该堵水器与油管等配套管柱连接好后，当打压释放时，液压经 DSⅢ(0)堵水器中心管上的过液孔作用于不压井柱塞上，销钉被剪断并推动不压井柱塞上行，直到卡簧露出，不压井滑套与外套锁定，堵水开关打开过程结束，让出过液通道，油层中的液流可经下接头上的进液孔、单流阀以及中心管上的过液孔进入管柱中间实现正常生产。单流阀保证管柱中憋压时压力不能传到外部，并且在洗井时不压油层。

（4）DSⅢ – 114 – 46 – ZR 堵水器的技术参数如表 5 – 3 所示。

表 5 – 3　DSⅢ – 114 – 46 – ZR 堵水器的技术参数

项目	参数
最大外径(mm)	ϕ113
最小内通径(mm)	ϕ45
工作压力(MPa)	18
堵水管柱实现最小卡距(m)	1.2
上端扣型	2⅞TBG(内螺纹)
下端扣型	2⅞TBG(外螺纹)
总长(mm)	450
坐封压力(MPa)	6
适用套管内径(mm)	ϕ120 ~ ϕ126

（5）使用操作及注意事项。

① 按设计要求配制下井管柱，用2⅞TBG 油管连接，并涂螺纹油上紧。

② 工具下到设计位置后，注水打压6MPa，完成释放。

③ 工具在运输及保管过程中，严禁碰撞。

第五节　常见问题处理

一、打捞堵水管柱时管柱上顶处理

在打捞堵水管柱时,油管一般都是单向通道,捞获堵水管柱后由于封隔器不解封,或者起的过程中,由于井下工具直径较大,将套管壁上的蜡刮下造成套管堵死,井底压力释放不出来。起管柱过程中当井内管柱悬重小于井底压力时就有可能出现油管上顶。因此当打捞管柱起到一定深度时,就应提前坐好安全卡瓦,当油管有上顶迹象时,立即按下手柄将油管卡住。再关闭防喷器装好油管旋塞,连接好管线,用水泥车从套管注入清水或钻井液平衡地层压力,再起出管柱。为防止管柱上顶,在确定捞获堵水管柱后可在射孔井段反复上提下放管柱磨封隔器胶筒,直至悬重正常为止。

二、机械堵水施工的注意事项

(1)下打捞堵水管柱前应认真核对井下封隔器型号,选择相应打捞工具,并严格按打捞工具操作方法操作,防止打捞失败。

(2)检查安全卡瓦是否合乎油管尺寸,手柄是否灵活好用,各部件完好。检查防喷器是否开关灵活、密封,技术压力在21MPa以上,井口连接螺丝齐全紧固密封。

(3)拔堵水管柱前,要检查大绳、吊环、吊卡是否符合技术要求,吊卡销子要用麻绳拴好。并且分工明确,有专人指挥和看护后绷绳桩,其他人撤到绷绳以外的安全区域。

(4)堵水管柱捞获后如悬重大于井内管柱悬重,可在射孔井段反复上提下放磨封隔器胶筒,如果放不下去,可以采取用水泥车套管平衡的方法,直至悬重正常为止。减少油管上顶的几率。

(5)起打捞堵水管柱过程中如发生套管不通,或油管放不下去及井内管柱悬重小于井底压力时就会出现油管上顶,这时应提前装好安全卡瓦,再起油管,发现上顶立即按下手柄后再关闭防喷器装好油管旋塞,从套管注入清水或钻井液平衡地层压力,再起出管柱。

(6)起完打捞堵水管柱后检查封隔器的胶筒是否齐全,如缺失较多,应先处理井筒内的碎橡胶,否则会影响冲砂、刮蜡、刮削等工序的顺利进行。

(7)冲砂完毕后要充分洗井,防止砂子沉淀造成人工井底数据不准,导致堵水管柱不能按组配深度支撑在人工井底造成封隔器封堵位置上移,导致工序返工。

(8)刮削管柱要下至油层底界,在射孔井段要反复刮削3次以上。防止封隔器通过射孔井段时刮坏胶筒。

(9)下堵水管柱时要按要求检查油管;该用内径通过的一定要通,密封脂要涂好,达到下井油管不刺不漏,高压不掉,保证释放时良好效果。

(10)装卸下井工具时,要轻拿轻放,防止井下工具在未下井前将销钉及其他损坏。

(11)连接工具时上卸的管钳一定搭在工具的上下接头上;下井时不能用液压钳上扣,防止工具损坏,造成工具提前释放或释放不开。

(12)下堵水管柱时一定要控制下放速度,防止中途造成封隔器提前坐封而遇阻。一旦遇阻:一是要起出更换井下工具工具,浪费人力物力;二是突然遇阻容易出现滑车跳槽等不安全隐患。

(13)封隔器释放时,地面管线一定达到不刺不漏;要按封隔器技术要求操作,不得盲目增加或降低释放压力,稳压时间要符合要求,防止胶筒不密封或卡瓦不能完全支撑在套管壁上,造成释放封隔器失败。

(14)丢手时要严格按丢手压力增压,必要时可适当增加上提管柱负荷进行丢手。

(15)释放时由于工具问题还没完全达到封隔器释放压力时或者释放效果达不到预计效果时,就已丢手。这时不能盲目捞出再下,应经过有关技术部门或厂家鉴定查出原因,是工具本身质量问题,还是运输过程中出现的问题,还是操作不当造成,还是井下的问题。总之不搞清楚原因不能下井。避免造成二次返工。

(16)把住验串关,按标准进行验串,如果验串验不好,堵水就不能见效果,达不到堵水目的。

第六章　附 加 工 序

第一节　探砂面、冲砂

一、探砂面、冲砂的概念

(1)探砂面:是下入管柱实探井内砂面深度的施工。

(2)冲砂:是向井内高速注入液体,靠水力作用将井底沉砂冲散,利用液流循环上返的携带能力,将冲散的砂子带到地面的施工。

二、探砂面、冲砂的目的

实探井内的砂面深度,可以为下步下入的其他管柱提供参考依据,也可通过实探砂面深度了解地层出砂情况。如井内砂面过高,会掩埋油层堵塞出油通道,影响下步要下入的其他管柱或造成砂卡事故,因此就需要冲砂施工,使油层裸露、出油通道畅通,不影响下步工艺施工和防止泵工作时砂卡。

三、冲砂方式及其特点

常用的冲砂的方式有3种,有正冲砂、反冲砂和正反冲砂。

(1)正冲砂:就是冲砂液沿冲砂管内径向下流动,在流出冲砂管口时以较高流速冲击砂堵,冲散的砂子与冲砂液混合后,一起沿冲砂管与套管环形空间返至地面的冲砂方式。其特点是冲刺力大,容易冲散坚实的砂堵;混砂液上返速度慢,携砂能力差。

(2)反冲砂:就是冲砂液由套管与冲砂管的环形空间进入,冲击沉砂,冲散的砂子与冲砂液混合后沿冲砂管内径上返至地面的冲砂方式。其特点是冲砂液下流速度慢,冲刺力弱;混砂液上返速度快,携砂能力强。

(3)正反冲砂:就是采用正冲的方式冲散砂堵,并使其呈悬浮状态,然后改用反冲洗,将砂子带到地面的冲砂方式。其结合了正、反冲砂的优点冲刺力大,携砂能力强。但操作中比较费事,耗时间长易发生砂卡。

四、准备工作

(1)穿戴好劳保用品。

(2)将施工设计要求对施工人员进行技术交底。

(3)选好冲砂操作所需要的工具、用具。测量冲砂工具,并绘制草图。

(4)按照施工设计要求备足冲砂所用的冲砂液。

(5)准备好进、出液罐及沉砂池。

(6)按标准连接好出口地面管线,与沉砂池连接并固定牢靠。

（7）检查冲砂弯头各部件并紧固，转动灵活，水龙带畅通、无破损。循环设备工作正常。检查好游动、提升系统，保证冲砂过程中提升系统能正常工作；操作人员选择和清理好逃生通道。

五、砂面操作

（1）探砂面施工可以用两种管柱来完成，一种是加深原井管柱探砂面，一种是起出原井管柱下入探砂面管柱探砂面。

（2）起出或加深原井管柱，下管柱探砂面。

（3）当油管或下井工具下至距油层上界30m时，下放速度应小于1.2m/min，以悬重下降10～20kN时为遇砂面，连探3次。2000m以内的井深误差应小于0.3m，2000m以上的井深误差应小于0.5m。连探3次的平均深度为砂面深度。

（4）起出管柱后，要复查丈量油管，进一步确认砂面深度。

六、常规冲砂操作

（1）按施工设计要求装好适当压力等级的防喷器。

（2）将冲砂笔尖连在下井第一根油管底部，上紧，下入井内。禁止带封隔器、通井规等大直径管柱冲砂，防止砂卡。下油管5根后，在井口装好自封封井器。

（3）继续下油管至距预计砂面以上30m时，由专人指挥缓慢加深油管探砂面，核实砂面深度。

（4）起出最后一根探砂面油管，将冲砂弯头连接在欲下井冲砂油管第一根上，注意严禁使用普通弯头替代冲砂弯头。将水龙带与冲砂弯头连紧，将绑在水龙带和冲砂弯头上的安全绳固定在大钩上，指挥司机吊起油管，与井内油管连接好，吊油管和连接螺纹时要有专人拉住水龙带末端，防止水龙带旋转伤人。

（5）将水龙带另一端与地面管线连紧，指挥水泥车开泵循环洗井，观察水泥车压力表及排量的变化情况。由专人观察出口返液情况，返出正常后缓慢均匀加深管柱，以免造成砂堵或憋泵。同时用水泥车向井内泵入冲砂液，排量不低于24m³/h，如因管柱下放过快造成憋泵，立即上提管柱，待泵压和出口排量正常后，方可继续加深管柱。如有进尺则以0.5m/min的速度缓慢均匀加深管柱。

（6）当一根油管冲完后，为了防止在接单根时砂子下沉造成卡管柱，要循环洗井15min以上，指挥水泥车停泵，并进行管线放空，将水龙带与地面管线相连的一端断开，指挥司机上提管柱卸单根。下拉油管时有专人将水龙带同时拉下，方向与油管一致。

（7）下入一根油管，按上述要求重复接单根冲砂，接单根时动作要迅速，连续加深5根油管后，必须循环洗井1周以上，再继续冲砂直到人工井底或设计冲砂深度。

（8）冲砂中途不得停泵，如中途作业机出故障，必须进行彻底循环洗井，若水泥车出现故障，应迅速上提管柱至原砂面以上30m，并活动管柱。冲砂至人工井底或设计要求深度后，要充分大排量循环洗井。直至出口含砂量小于0.2%时为合格，上提30m，待砂子沉降4h后核实人工井底。起出冲砂管柱，结束冲砂作业。

第二节 磁性定位测井

磁性定位测井是根据井壁磁通量变化利用磁性定位器检查井下工具深度的一种简便有效的测井方法。广泛应用于对分层配水管柱的作业质量检查。

一、磁性定位器的结构

磁性定位器主要由两个永久磁钢和一个绕组线圈组成,两个磁钢同极相对,中间放置线圈,装在非磁性外壳中,并用橡胶或其他非金属材料固定。

二、磁性定位器的工作原理

当仪器沿井身移动时,由于仪器周围介质的磁阻(套管、油管、配产、配注等工具及管柱壁厚改变)发生变化,使通过绕组线圈的磁力线重新分布,磁通量密度发生变化,并在线圈中产生感应电动势。它的大小与介质磁阻的变化、测速、磁场的感应强度及线圈尺寸有关。通过记录线圈闭合回路中感应电流产生的电位差,即可确定套管接箍、油管各种管柱接箍、工具配件的位置。

三、磁性定位测井前作业队应做到以下几点

(1)磁性定位测井前作业队要保证井筒畅通,井下管柱刺洗干净,无弯曲、变形,用标准油管内径规($\phi62$mm 油管用 $\phi59$mm×800mm;$\phi76$mm 油管用 $\phi73$mm×800mm)通过。

(2)作业队应根据井下管柱结构,提前一天向调度做磁性定位计划。

(3)作业队应保证按计划完成作业现场施工进度。

(4)作业队应保证井场不影响定位车辆摆放与施工。

(5)作业队及时向测试队提供施工设计、井下管柱及工具深度等资料。

四、磁性定位测井资料的应用

(1)磁性定位测井资料的解释应用通常是根据油水井井下工具类型,先在地面进行模拟实验,测出井下工具各部件的磁性定位曲线特征和形态,将井下实测曲线与模拟曲线进行特征对比,即可确定井下工具的实际深度。

(2)作业队根据磁性定位深度与自己组配的井下工具深度对比核实,如符合设计要求范围进行下步施工,如不符合设计要求范围,如果是支撑到人工井底的管柱,只能起出重新组配,如不是支撑到人工井底的管柱,可用油管短节对井内管柱进行微调,使管柱深度达到设计要求范围内。

第三节 刮 蜡

一、刮蜡的概念

刮蜡是下入带有套管刮蜡器的管柱,在套管结蜡井段上下活动刮削套管壁的结蜡,再循环打入热水将刮下的死蜡带到地面,这一过程为刮蜡。

二、刮蜡的目的

清除套管内壁的结蜡,使套管畅通,减少油流阻力,便于下步作业施工。

三、操作步骤

(1)准备井史资料,查清结蜡井段。根据施工设计或井况组配刮蜡管柱。

(2)按设计选用标准的刮蜡器,其直径要比套管内径小 6～8mm,如果下不去可适当缩小刮蜡器外径(每次 2mm)。对结蜡不严重或投产不久的新井,可用带侧孔的刮蜡器,结蜡严重的下入不带侧孔的刮蜡器。

(3)把刮蜡器接在下井第一根油管底部,上紧扣后下入井内,下油管 5 根后装好自封封井器,继续下入至设计深度。

(4)刮蜡深度一般为射孔底界 10m,特殊情况按设计要求执行。

(5)下刮蜡管柱,一般采用边循环边下管柱施工。

(6)如管柱遇阻上提管柱 3～5m,反打入热水循环,循环一周后停泵。再反复活动下入管柱,下入 10m 左右后上提 2～3m,反打入热水循环,循环一周后停泵。如此反复活动下入管柱,每下入 10m 左右打热水循环一次,直至下到设计刮蜡深度或人工井底。

(7)刮蜡至设计深度后,用井筒容积 1.5～2 倍水温不低于 70℃的热水或溶蜡剂洗井,彻底清除井壁结蜡。

(8)起出刮蜡管柱。

第四节　加 高 井 口

一、准备工具

作业起重设备 1 套、$\phi16mm$ 钢丝绳套 1 个、大锤 1 把、管钳 2 把、死扳手 2 把、密封带 1 卷、黄油少量、钢卷尺 1 把。

二、操作步骤

(1)首先将井口流程倒好,用死扳手将四通与套管法兰处的螺丝砸松并卸掉,然后将四通与流程连接处的卡箍卸掉。用钢丝绳套吊起四通放置在不影响逃生通道处。取下钢圈槽内的钢圈,放置在工具架上。

(2)将背钳搭在套管短节上,将一根 4～6m 长的加力杆一头平放在法兰上,并用两个井口螺栓别住加力杆(注意:螺栓要带上螺帽以保护螺纹),推动加力杆逆时针旋转将套管法兰卸松,卸掉套管法兰。

(3)将背钳搭在套管接箍上,用管钳卸掉套管短节。丈量并做好记录。

(4)卸去新套管短节的护丝后,准确丈量并做好记录。用钢丝刷子将套管短节螺纹和套管接箍螺纹刷干净,并认真检查螺纹是否完好。螺纹损坏者不能安装。

(5)将密封带按逆时针方向缠绕在套管短节一端螺纹上[对于没有塑料密封带的施工单位,在连接套管短节和套管接箍时,也可用其他合格的螺纹密封脂(油)]。将套管短节对在井口套管接箍上(两手端平,慢放在套管接箍上),逆时针转1~2圈对扣。

(6)对好扣后,按顺时针方向正转上扣,当用手转不动时,搭好背钳用管钳上紧。

(7)将密封带按顺时针方向缠绕在套管短节另一端螺纹上,将法兰对在套管短节螺纹上逆时针转1~2圈对扣。对好扣后,按顺时针方向正转上扣,当用手转不动时,将一根4~6m长的加力杆一头平放在法兰上,并用两个井口螺栓别住加力杆(注意:螺栓要带上螺帽以保护螺纹),推动加力杆顺时针旋转将法兰上紧。

(8)计算套补距。

现套补距 = 原套补距 -(现套管短节长度 - 原套管短节长度)

(9)将钢圈槽内清理干净抹足润滑脂,(只能用钙基、锂基、复合钙基等润滑脂,绝不允许用钠基润滑脂)。然后把钢圈放入槽内。

(10)用钢丝绳套挂牢四通,缓慢吊起,吊装时要有专人扶住四通,清理干净钢圈槽。缓慢下放,将四通坐在法兰上。

(11)左右转动四通使钢圈进人四通钢圈槽内,转动调正四通方向,对角上紧4个法兰螺栓,摘掉绳套。将剩余的法兰螺栓对角用井口套筒扳手上紧并用锤子砸紧。

(12)坐上油管头。连接水泥车管线,打入清水,压力10MPa稳定时间10~15min,各连接部位不刺不漏为合格。

(13)加高井口操作应在井口无溢流的情况下进行。

第五节　井 径 测 井

井径测井就是利用井径仪测得套管内径变化曲线,确定套管损坏状况和位置的一种测井方法。主要测井仪器有 X - Y 井径、方位井径、多臂井径等。在现场施工过程中,可根据不同的检测目的,优先运用相应的测井仪器和方法。

一、X - Y 井径测井

1. X - Y 井径仪结构

X - Y 井径仪主要由控制电路总成、测量总成、测量臂收放总成三部分构成。

2. 仪器的技术指标

(1)仪器外径:$\phi 50mm$。

(2)仪器长度:1940mm。

(3)耐温:80℃。

(4)测量范围:$\phi 70 \sim 180mm$。

(5)测量精度:±2mm。

3. 施工条件

(1)井内无油管或是过油管测量,要求井内最小通径不小于54mm。

(2)井内压井液不限。

（3）井下有落物时,不能进行测井(探顶深度例外)。

（4）有套管规范、壁厚、套补距等数据。

（5）若过油管测量,则要求:油管下面必须安装喇叭口,喇叭口直径100mm,其位置距目的层顶界不少于5m;工作筒内径必须大于54mm;油管内壁无蜡及残余油、无弯曲。

二、位井径测井

1. 方位井径测井仪结构

方位井径测井仪是由一个 X – Y 井径仪和一个陀螺方位仪组合而成。它能通过油管连续测量套管的多点变形,在变形点内径不小于 $\phi56mm$ 的情况下,同时提供变形部位的尺寸和变形方位。

2. 仪器的技术指标

（1）外形尺寸:井径; $\phi50 \times 1940mm$ (外径 × 长度) ;方位: $\phi54 \times 1580mm$ 。

（2）耐温:70℃。

（3）耐压:20MPa。

（4）测量范围:井径; $\phi70 \sim 180mm$;方位:0 ~ 3580。

（5）测量精度:井径: ±2mm;方位 ±100。

（6）方位漂移:小于 120/h。

3. 施工条件

（1）井内最小通径不小于 54mm。

（2）井内压力不大于 20MPa。

（3）井内温度不大于 70℃。

（4）井内介质不限。

（5）套管规范,套管程序、套补距等数据齐全。

（6）油管下面必须安装喇叭口,喇叭口直径 100mm,深度在测量井段 5m 以上。

（7）工作筒内径必须大于 54mm。

（8）油管干净无污物、无弯曲。

三、多臂井径测井

多臂井径测井是井径测井的发展方向,它能够更精确地反映套管内径的变化,甚至可以计算套管剩余壁厚。下面以 CSU 测井地面仪配接 MFC 多臂井径仪为例进行介绍。

1. 仪器结构

MFC 多臂井径仪由电子线路和探头组成。探头分为 36 臂和 60 臂两种。

2. 技术指标

（1）外径: $\phi89mm$ 。

（2）长度:6230mm。

（3）质量:119kg。

（4）耐温: –25 ~ 175℃ 。

（5）耐压:175MPa。

（6）测量范围:根据套管尺寸选择探头。

（7）内径分辨率:0.254mm。

（8）垂直分辨率:最大20.32mm,最小40.64mm。

3. 施工条件

（1）井下无管柱。

（2）井的基本数据如套管规范、壁厚、套补距等数据齐全。

（3）井下有落物时,测量井段不能超过鱼顶深度。

（4）套管内径为114.3~177.8mm,用36臂井径探头测量;套管内径为177.8~244.5mm,用60臂井径探头测量。

四、井径测井前作业队应做到以下几点

（1）井径测井前作业队要按设计要求做好井筒准备工作。

（2）作业队应提前一天向调度做井径测井计划。

（3）作业队应保证按计划完成井上施工进度。

（4）作业队应保证井场不影响测井车辆摆放与施工。

（5）作业队应配合测试施工队安装好防喷装置。

第六节　配　合　补　孔

一、补孔的概念

补孔就是根据井下作业工艺要求,对原射孔段需增加孔眼密度或因首次射孔而发生的哑炮、假炮等现象,进行再次射孔。

二、补孔的方式

目前现场常用的补孔方式有电缆输送套管枪射孔和油管输送射孔。

1. 电缆输送套管枪射孔的分类

电缆输送套管枪射孔按射孔压差可分为以下两种方式:

（1）常规电缆套管枪正压射孔。

射孔前用高密度射孔液使井底压力高于地层压力。在井口敞开的情况下,利用电缆下入套管射孔枪。通过接在电缆上的磁性定位器测出定位套管接箍对比曲线,调整下枪深度,对准层位,在正压差下对油、气层部位射孔。该方法施工简单,成本低和高孔密、深穿透的优点,但正压会使射孔液的固相液侵入储层导致较严重的储层伤害。

（2）套管枪负压射孔。

这种工艺基本与套管枪正压射孔相同,只是射孔前将井筒液面降低到一定深度,以建立适当的负压。这种方法主要用于低压油藏,具有负压清洗和穿透较深的双重优点,但对于油气层厚度大的井需多次下枪射孔,则不能保持以后射孔必要的负压。

2. 油管输送射孔

油管输送射孔是利用油管将射孔枪下到油层部位射孔。油管下部连接有封隔器、带孔短节和引爆系统,油管内只有部分液柱造成射孔负压,通过地面投棒引爆、压力或压差式引爆或电缆湿式接头引爆等各种方式使射孔弹爆炸而一次全部射完油气层。该方法适于斜井、水平井和稠油井等电缆难以下入的井。

三、配合补孔操作

(1)按施工设计进行补孔施工,作业队领取补孔通知单后,按施工进度提前一天向射孔队作补孔计划。

(2)作业队在补孔前应冲砂至人工井底,刮蜡、通井,将井壁、井底清理干净,保证井筒畅通。

(3)作业队应保证按计划完成井上施工进度。

(4)作业队应按设计要求装好相应压力级别的油管防喷器或电缆防喷器。

(5)作业队应保证井场不影响补孔车辆摆放与施工。井场周围不得有明火,雷雨天禁止补孔作业。

(6)油管输送射孔起爆器以上由作业队按要求下井。管柱要仔细丈量,油管要用标准通径规通过,确保油管内清洁畅通。

(7)下管柱时要平稳慢下,油管螺纹一定要上紧,并涂好密封脂,保证螺纹不刺不漏。

(8)若投棒后不能起爆,一定要捞出冲击棒后再起出管柱,以防起油管中遇到意外情况引起中途爆炸。

(9)电缆输送套管枪射孔由射孔队操作人员按操作规程进行操作。作业队在安全区待命。

(10)补孔过程中发生溢流,应停止射孔,及时起出枪身;来不及起出枪身时,剪断电缆,按关井程序关井。

(11)补孔过程中,要有专人负责观察井口显示情况。作业队技术员必须在场,应向射孔队人员收集本井校正值、固标差、射孔发射率。射孔发射率不得小于95%。

(12)射孔完毕后,下油管至井底2m以上用清水彻底冲洗炮弹壳,冲至井口不见脏物。进行下步施工。

第七节　铅模打印

一、铅模

铅模是探视井下套管损坏类型、程度和落物深度、鱼顶形状、方位的专用工具,是由接箍、短节、拉筋及铅体组成,中心有直通水眼以便冲洗鱼顶。

二、铅模打印的目的

根据铅模印痕判断事故的性质,为制定修理套管和打捞落物的措施及选择工具提供依据。

三、铅模打印操作

(1)将冲砂笔尖连接在下井的第一根油管底部,下油管至鱼顶以上5m左右,接好水泥车管线,大排量冲洗干净鱼顶上面的砂子及脏物。待返出井口后水质干净后停泵,起出油管,卸掉冲砂笔尖。

(2)将检查测量合格的铅模,连接在下井的第一根油管底部,下油管5根后装上自封封井器。

(3)铅模下至鱼顶以上5m左右时,开泵大排量冲洗,排量不小于500L/min,边冲洗边慢下油管,下放速度不超过2m/min。

(4)当铅模下至距鱼顶0.5m时,以0.5~1.0m/min的速度边冲洗边下放,一次加压打印。一般加压30kN,特殊情况可适当增减,但增加钻压不能超过50kN。

(5)起出全部油管,卸下铅模,清洗干净。

(6)铅模描述:

① 用照相机拍照铅模,以保留铅模原始印痕。

② 用1:1的比例绘制草图,详细描述铅模变形情况并存档,以备检查。

四、技术要求及注意事项

(1)铅模下井前必须认真检查连接螺纹、接头及壳体镶装程度。

(2)下铅模前必须将鱼顶冲洗干净,严禁带铅模冲砂。

(3)冲砂打印时,洗井液要干净无固体颗粒,经过滤后方可泵入井内。

(4)一个铅模在井内只能加压打印一次,禁止来回两次以上或转动管柱打印。

(5)起下铅模管柱时,要平稳操作,拉力表要灵活好用,并随时观察拉表的变化情况。

(6)起带铅模管柱遇卡时,要平稳活动或边洗边活动,严禁猛提猛放。

(7)在修井液里打铅印,当铅模下人井内后,如果因故停工,应装好井口,将井内修井液替净或将铅模起出,防止修井液沉淀卡钻。

(8)若铅模遇阻时,应立即起出检查,找出原因,切勿硬顿硬砸。

(9)当套管缩径、破裂、变形时,下铅模打印加压不超过30kN,以防止铅模卡在井内。

(10)铅模在搬运过程中必须轻拿轻放,严禁摔碰。存放及车运时,应底部向上或横向放置,并用软材料垫平。

(11)铅模水眼小容易堵塞,钻具应清洁无氧化铁屑。为防止堵塞,可下钻300~400m后洗井一次。

第八节 套管刮削施工

一、套管刮削的概念

套管刮削是指刮削套管内壁清除套管内壁上水泥、硬蜡、盐垢及炮眼毛刺等的作业。

二、套管刮削器

1. 套管刮削器的结构

(1)防脱式套管刮削器的结构。防脱式套管刮削器由主体、刀片、弹簧、挡环、螺钉等组成(图6-1)。

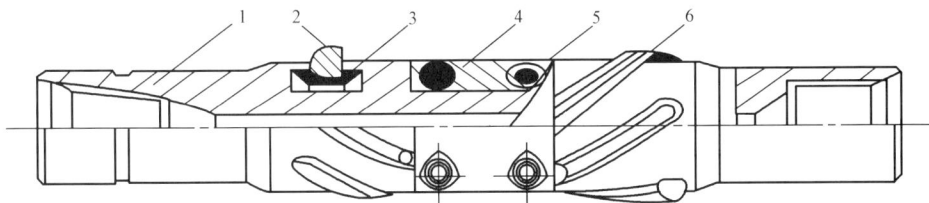

图6-1　防脱式套管刮削器
1—主体;2—右旋刀片;3—弹簧;4—挡环;5—螺钉;6—左旋刀片

（2）胶筒式套管刮削器结构:胶筒式套管刮削器由上接头、壳体、刀片、胶筒、冲管、"O"形密封圈、下接头等组成,如图6-2所示。

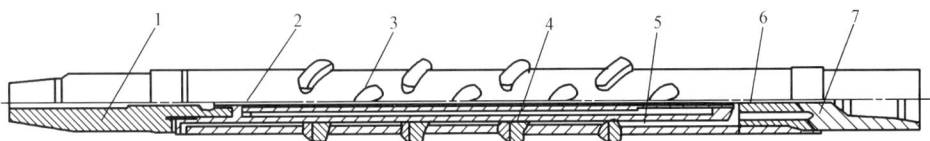

图6-2　脱筒式套管刮削器结构
1—上接头;2—冲管;3—胶筒;4—刀片;5—壳体;6—"O"形密封圈;7—下接头

2. 套管刮削器的工作原理

套管刮削器装配后,刀片、刀板自由伸出外径比所刮削套管内径大2~5mm左右。下升时,刀片向内收拢压缩胶筒或弹簧筒体,最大外径则小于套管内径,可以顺利入井。入井后,在胶筒或弹簧的弹力作用下,刀片、刀板紧贴套管内壁下行,对套管内壁进行切削。每一次往复动作,都对套管内壁刮削一次,这样往复数次,即可达到刮削套管的目的。

3. 套管刮削器的用途

套管刮削器主要用于常规作业、修井作业中清除套管内壁上的死油、封堵及化堵残留的水泥、堵剂、硬蜡、盐垢以及射孔炮眼毛刺等的刮削、清除。

三、套管刮削的操作步骤

（1）按套管内径选择合适的套管刮削器,并认真检查。

（2）将套管刮削器连接在管柱底部,条件许可时,刮削器下端可多接尾管增加入井时重量,以便压缩收拢刀片、刀板。

（3）下油管5根后井口装好自封封井器。

（4）下管柱时要平稳操作,下管柱速度控制为20~30m/min。下到距离设计要求刮削井段前50m时,下放速度控制为5~10m/min。接近刮削井段并开泵循环正常后,边缓慢顺螺纹紧扣方向旋转管柱边缓慢下放,然后再上提管柱反复多次刮削,至悬重正常为止。刮削射孔井段时要有专人指挥。

（5）若中途遇阻,应逐渐加压,开始加10~20kN,最大加压不得超过30kN,并缓慢上下活动管柱,不得猛提猛放,也不得超负荷上提。当悬重下降20~30kN时,应停止下管柱。边洗井边旋转管柱反复刮削至悬重正常,再继续下管柱,一般刮削至射孔井段以下10m。

(6)刮削完毕要大排量反循环洗井一周以上,将刮削下来的脏物洗出地面。

(7)洗井结束后,起出井内全部刮削管柱,结束刮削操作。

四、套管刮削器刮削操作的质量要求及安全要求

1. 质量要求

(1)刮削套管作业必须达到设计要求,井下套管内通径畅通无阻。

(2)刮削完毕充分洗井,将刮削下来的脏物洗出地面。

(3)资料收集齐全、准确,其内容包括:

① 刮削器型号、外形尺寸;

② 刮削套管深度、遇阻位置、指重表变化值;

③ 洗井时间、洗井液量、泵压、洗井深度、排量;

④ 出口返出物描述。

2. 安全要求

(1)作业时必须安装经过鉴定、符合要求的拉力表及井控装备。

(2)下井工具和管柱均应经地面检验合格。

(3)刮削管柱不得带有其他工具。

(4)严禁用带刮削器的管柱冲砂。

(5)刮削过程中,必须注意悬重变化,悬重下降最大不超过30kN。

(6)刮削器使用一次后,要及时检修刀片,检查弹簧,保持刮削器处于良好状态。

第九节　通　　井

一、通井概念

通井是用规定外径和长度的柱状规,下井直接检查套管内径和深度的作业施工。

二、通井目的

一般在新井射孔、老井转抽、电泵井、大修井、套变井等特殊工序都必须通井,目的是检查井筒是否畅通,消除套管内壁的杂物或毛刺,核实人工井底,为下步施工提供依据。

操作步骤:

(1)通井前管柱应刺洗、丈量、计算准确,记录清晰,涂密封脂,检查测量通井规(选择通井规直径应小于套管内径6~8mm,长度为2~4m)并绘制草图注明尺寸。

(2)将通井规连在下井第一根油管底部,并上紧螺纹。平稳下入井内。通井时必须下入能够循环的工具,下入油管5根后,井口装好自封封井器。

(3)继续平稳操作下油管,速度控制为10~20m/min。管柱连接螺纹应按标准扭矩上紧、上平,防止管柱脱扣,造成落井事故。要随时检查井架绷绳、地锚等地面设备变化情况。若发生问题,应停止通井并及时处理。当通井距人工井底以上100m左右时,减慢下放速度,同时有专人观察拉力表变化情况。

（4）若通井遇阻,悬重下降 2～2.5kN 时,应上下活动,计算遇阻深度,严禁猛放、硬压、要分析原因查明情况并及时上报有关部门处理。

（5）如果下不去,可起出换缩小 2mm 的通井规继续通井,一直通到方案要求的位置。如通井规在井内遇卡,活动管柱,冲洗无效的情况下,应起出管柱,下铅模或测井进行调查。如探到人工井底则连探 3 次,计算出人工井底深度。

（6）起出通井规,详细检查通径规并认真检查记录数据,如无问题,进行下步施工。发现有印痕严重的采取下步措施,禁止用通井管柱冲砂或进行其他井下作业。

第十节　洗　　井

一、洗井的概念

洗井是在地面向井筒内打入具有一定性质的洗井工作液,把井壁和油管上的结蜡、死油、铁锈、杂质等脏物混合到洗井工作液中带到地面的施工。

二、洗井的目的

洗井可以把套管和油管的脏物及油气洗出,还有平衡地层压力的作用,便于作业施工。

三、洗井方式

（1）正洗井。

洗井工作液从油管打入,从油套管环空返出。正洗井一般在油管结蜡严重的井。

（2）反洗井。

洗井工作液从油套环空打入,从油管返出。反洗井一般用在抽油机井、注水井、套管结蜡严重的井。

（3）正洗井和反洗井各有利弊,正洗井对井底造成的回压较小,但洗井工作液在油套环空中上返的速度稍慢,对套管壁上脏物的冲洗力度相对小些;反洗井对井底造成的回压较大,洗井工作液在油管中上返的速度较快,对套管壁上脏物的冲洗力度相对大些。为保护油层,当管柱结构允许时,应采用正洗井。

四、操作步骤

（1）施工车辆位置摆放合理,接管线前车辆要停稳、熄火、拉紧手制动。

（2）将水泥车与井口管线连接并用大锤砸紧,地面管线试压至设计施工泵压的 1.5 倍,经 5min 后不刺不漏为合格。

（3）井口操作人员侧身打开套管闸门打入洗井工作液。洗井时有专人观察泵压变化,泵压不能超过油层吸水启动压力。排量由小到大,压力正常后逐渐加大排量,排量一般控制在 0.3～0.5m³/min,将设计用量的洗井工作液全部打入井内。

（4）热洗应保证水质清洁,水量不低于井筒容积的 2 倍,水温不低于70℃。洗井过程中,随时观察并记录泵压、排量、出口排量及漏失量等数据。泵压升高洗井不通时,应停泵及时分析原因进行处理,不得强行憋泵。

（5）洗井施工期间操作人员不得跨越管线，打高压时远离管线，进入安全区域。

（6）严重漏失井采取有效堵漏措施后，再进行洗井施工。

（7）洗井结束后洗井也进出口相对密度应一致，出口液体干净无杂质污物。

（8）洗井过程中加深或上提管柱时，洗井工作液必须循环两周以上方可活动管柱，并迅速连接好管柱，直到洗井至施工设计深度。

第十一节　封隔器找窜、验窜

一、封隔器找窜、验窜的概念及目的

封隔器找窜是现场应用较为广泛的一种方法，即下入单级或双级封隔器至预测井段，然后挤注清水，在地面测量套压变化或套管溢流量的变化，若套压变化或套管溢流量变化超过定值，则可以定为该井段窜槽。

封隔器验窜是下入封隔器管柱，通过套压法或套溢法验证某一井段套管外是否窜通的施工。

封隔器找窜和验窜的目的都是为下一步封堵窜槽井段提供依据。

二、封隔器找窜的特点及方法

（1）封隔器找窜施工简单，结果准确可靠，既能定性又能定量给出窜槽层段的窜通量。但其对窜层间的夹层厚度有一定要求：井深小于1500m，夹层厚度大于1m；井深1500～2500m，夹层厚度大于3m；井深大于2500m，夹层厚度大于5m。

（2）目前现场常用水力压差式封隔器。根据使用封隔器数目可分为单封隔器找窜和双封隔器找窜，前者适用于在最下两层中找窜，而且下部层段无漏失情况；后者适用于多油层且下部层段又有漏失的情况下。

找窜方法具体有以下两种：

（1）套压法：套压法是采用观察套管压力的变化来分析判断欲测层段之间有无窜槽的方法。适用于高压自喷井。

（2）套溢法：套溢法是指以观察套管溢流来判断层段之间有无窜槽的方法。适用于低压井。

三、套溢法找窜操作步骤：

（1）找窜施工前应冲砂至人工井底，通井至找窜层位以下10～30m。用井筒容积2倍的清水彻底洗井。准备1m³池子，记录全井每分钟溢流量。

（2）按设计要求组配找窜管柱。单封隔器找窜管柱自上而下顺序：上部油管＋封隔器＋节流器＋尾部油管＋丝堵。双封隔器找窜管柱自上而下顺序：上部油管＋封隔器＋节流器＋封隔器＋尾部油管＋丝堵。将组配好的单级或双级封隔器管柱下入井内。

（3）封隔器下至射孔井段以上，验证封隔器和油管密封性能。连接水泥车管线，试压至工作压力的1.5倍。正打入清水，压力采用高低高的方法，分别为10MPa，8MPa，10MPa或8MPa，10MPa，8MPa等3个压力值注水，每个压力值稳定10～30min。观察记录套管溢流量的变化,如果套管溢流量随注水压力的变化而变化,且变化值大于 1L/min,则说明封隔器或油管密封性能不合格,要起出管柱重新下入。若套管溢流量变化值小于 1L/min,则说明封隔器和油管密封性能合格,可以加深油管至欲测井段找窜,封隔器深度应避开套管接箍部位。

(4)管柱下至预定找窜位置后,连接水泥车管线,正打入清水,按 10MPa,8MPa,10MPa 或 8MPa,10MPa,8MPa 等 3 个压力值注水,每个压力值稳定 10～30min。观察记录套管溢流量的变化,如果溢流量不随注入量变化,则可认定无窜槽。如果套管溢流量随注水压力的变化而变化,且变化值大于 10L/min,则初步认定该层位至以上井段窜槽。

(5)上提管柱至射孔井段以上验证封隔器密封性。再按 10MPa,8MPa,10MPa 或 8MPa,10MPa,8MPa 等 3 个压力值注水,如封隔器密封,则认定该层位至以上井段窜槽。

(6)起出管柱后,再次丈量复查管柱,核实深度。

四、套压法找窜步骤

(1)准备及管柱组配与套溢法找窜相同。

(2)封隔器下至射孔井段以上,验证封隔器和油管密封性能。连接水泥车管线,试压至工作压力的 1.5 倍。正打入清水,压力采用高低高的方法,分别为 10MPa,8MPa,10MPa 或 8MPa,10MPa,8MPa 等 3 个压力值注水,每个压力值稳定时间 10～30min。观察记录套管压力的变化,如果套管压力随油管注水压力的变化而变化,且变化值大于 0.5MPa,则说明封隔器或油管密封性能不合格,要起出管柱重新下入。若套管压力变化值小于 0.5MPa,则说明封隔器和油管密封性能合格,可以加深油管至欲测井段找窜,封隔器深度应避开套管接箍部位。

(3)管柱下至预定找窜位置后,连接水泥车管线,正打入清水,按 10MPa,8MPa,10MPa 或 8MPa,10MPa,8MPa 等 3 个压力值注水,每个压力值稳定时间 10～30min。观察记录套管压力的变化,如果套管压力变化值小于 0.5MPa,则可认定无窜槽。如果套管压力值随油管注水压力的变化而变化,且变化值大于 0.5MPa,则初步认定该层位至以上井段窜槽。

(4)上提管柱至射孔井段以上验证封隔器密封性。再按 10MPa,8MPa,10MPa 或 8MPa,10MPa,8MPa 等 3 个压力值注水,如封隔器密封,则认定该层位至以上井段窜槽。

(5)起出管柱后,再次丈量复查管柱,核实深度。

五、封隔器验窜

封隔器验窜的操作步骤与封隔器找窜操作步骤相同。

第十二节　替　　喷

一、替喷的概念

替喷是用具有一定性能的流体将井内的压井工作液置换出来,并使油、气井恢复产能的过程。

二、替喷的目的

当完井后油、气还不可能自动流到地面上来。因为不管采用什么方法完井,井筒内还充满着压井液,这时压井液柱所形成的井底压力大于油层的压力,油、气无法流到井底,只有当井底压力低于油层压力时,油、气才可能连续流入井内,进而喷到地面。这就需要替喷来降低井内液柱压力。

三、替喷的方式及方法

1. 替喷的方式

替喷的方式有正替(替喷液从油管打入,从油套管环形空间返出)和反替(替喷液从油套管环形空间打入,从油管返出)两种。一般采用正替。

2. 替喷的方法

替喷的方法有一次替喷和二次替喷两种。对自喷能力弱的井可采用一次替喷,对自喷能力强的高压油井可采用二次替喷。

(1)一次替喷即把油管下入人工井底以上 1~2m,用低密度液体替出井内压井液,降低井内液柱压力。

(2)二次替喷即把油管下到人工井底以上 1m 左右,用低密度液体将压井液替到油层顶部以上 50m,然后上提油管至油层中部或上部,第二次用低密度液体替出全部压井液。

四、一次替喷操作

(1)按施工设计要求,准备足够的替喷工作液。盛装替喷工作液的容器要清洁,不能有泥砂等脏物。

(2)下入替喷管柱。替喷管柱深度要下至人工井底以上 1~2m,下至距人工井底 100m 时开始控制管柱的下入速度,不超过 5m/min,以免井内压井工作液沉淀物堵塞管柱。

(3)连接泵车管线,倒好采油树闸门。从油管正打入替喷工作液,启动压力不得超过油层吸水压力,排量不低于 0.5m³/min,大排量将设计规定的替喷工作液全部替入井筒,替喷过程要连续不停泵。出口进罐回收。

(4)替喷后,进出口替喷工作液密度差应小于 0.02kg/cm³。

(5)观察出口,若无自喷显示,立即卸开管线,上提管柱至设计完井深度,安装井口采油树完井。或起出替喷管柱进行下步施工。

五、二次替喷操作

(1)按施工设计要求,准备足够的替喷工作液。

(2)下入替喷管柱,若油层口袋较短,长度在 100m 以内,则将管柱完成在距井底 1.5~2m 的位置。若口袋在 100m 以上,可将管柱完成在油层底界以下 30~50m 的位置。

(3)装好井口装置,接正替喷管线,倒好采油树闸门。

(4)开泵,向井内正替清水,同时计量替入量。液量为管柱实际下入深度至完井管柱设计深度以上 10~50m 井段的套管容积。

(5)替完设计量后,停泵。将水泥车管线接在压井液罐上。

(6)开泵,向井内正顶替与原井内同密度的压井液,同时计量顶替量。液量为完井管柱设计深度以上 10~15m 至井口井段的油管容积。

(7)顶替完设计量的顶替液后,停泵。

（8）观察出口,若无自喷显示,立即卸开管线,卸掉井口装置。

（9）按设计要求上提油管至设计完井深度。

（10）装好井口装置,重新接好正替喷管线及流程。

（11）将水泥车上水管线插在装有替喷液罐出液闸门上,打开闸门。

（12）用水泥车向井内大排量正替清水,替出井内全部压井液。

（13）放压,卸管线,二次替喷完成。

六、技术要求

（1）施工进出口必须连接硬管线,并固定牢靠。

（2）进口管线要安装单流阀,并试压合格。出口进回收罐。

（3）替喷作业前要先放压,并采用正替喷方式。

（4）替喷过程中,要注意观察出口返液情况,并做好防喷工作。

（5）要准确计量进出口液量。

（6）替喷所用清水不少于井筒容积的1.5倍。

（7）施工要连续进行,中途不得停泵。

（8）防止将压井液挤入地层,污染地层。

（9）制定好防井喷、防火灾、防中毒的措施。

（10）替喷用液必须清洁,计量池、罐干净,无泥沙等脏物。

第十三节　压　　井

一、压井的概念、目的及原则

（1）压井就是将具有一定性能和数量的液体,泵入井内,并使其液柱压力相对平衡于地层压力的过程;或者说压井是利用专门的井控设备和技术向井内注入一定密度和性能的修井液,建立压力平衡的过程。

（2）压井的目的是暂时使井内流体在井下作业施工中不喷出,方便作业。

（3）压井要保护油层,要遵守"压而不喷,压而不漏,压而不死"的原则。

二、压井液的选择

压井液是指在井下作业过程中,用来控制地层压力的液体。要想压住井,压井液的密度不能小但也不能过大。压井过程不能过猛,否则压井液会挤入油层,污染油层,甚至把油层压死。因此,所选取的液体密度既能满足压住井的要求,又不损害油层。应根据油层物性选择对油层损害程度最低的压井液,在有条件情况下应优先选用无固相压井液。

压井液相对密度按式（6-1）计算：

$$\rho = \frac{p \times 102}{H}(1 + k) \tag{6-1}$$

式中　ρ——压井液相对密度,kg/m³;

p——油水井近 3 个月内所测静压值,MPa;

H——油层中部深度,m;

k——附加量,作业施工取 0～0.15,修井施工取 0.15～0.3。

压井液用量按式(6-2)计算:

$$V = \pi r^2 h(1 + k) \tag{6-2}$$

式中　V——压井液用量,m³;

r——套管内径半径,m;

h——压井深度,m;

k——附加量,取 0.15～0.3。

三、压井的方式

压井方式的选择是否正确是压井成败的重要因素。常用的压井方法有灌注法、循环法和挤注法三种。对有循环通道的井,可优先选用循环法全压井或半压井;对没有循环通道的井,可选用挤注法压井;对压力不大,作业施工简单,作业时间短的井,选择灌注法压井。

1. 灌注法

灌注法是向井筒内灌注一段压井液,靠井筒液柱压力就能平衡地层压力的压井方法。此方法多用在压力不高、工作简单、时间短的井下作业上。特点是压井液与油层不直接接触,井下作业后很快投产,可基本消除对产层的损害。

2. 循环法

循环法是将密度合适的压井液泵入井内并进行循环,密度较小的原压井液(或油、气及水)被压井用的压井液替出井筒达到压井目的的方法。

(1)反循环压井。

反循环压井是将压井液从油、套环形空间泵入井内顶替井内流体,由管柱内上升到井口的循环过程。

反循环压井对井底产生的回压相对较大,多用在压力高、气油比大的油气井中,不仅易成功,而且压井后即使油层有轻微损害,也可借助投产时本身的高压、大产量来解除;相反如果对低压井采用反循环压井法,会产生较大的井底回压,易造成产层损害,甚至出现压漏地层的现象。

(2)正循环压井。

正循环压井是将压井液从管柱内泵入井内顶替井内流体,由环形空间上升到井口的循环过程。

正循环压井对井底产生的回压相对较小,适用于低压和产量较大的油井,不仅达到压井的目的,还能避免压漏地层。

(3)挤注法压井。

对油、套既不联通,又无循环通道的井不能循环压井,也不能采用灌注法压井的情况下采用挤注法。该方法是井口只留压井液的进口,其余管路闸门全部关闭,用泵将压井液挤入井内,把井筒中的油、气、水挤回地层。其缺点是可能将脏物(砂、泥)等挤入产层,造成孔道堵塞。

四、操作步骤

（1）施工前要详细掌握压井的施工设计要求，并按施工设计要求确定压井方式。

（2）按设计要求，检查测量压井液性能（密度、黏度、失水、性质）和数量（备足井筒容积的1.5～2.0倍），压井液性能必须达到设计要求。

1. 反循环压井施工

（1）用扳手对称顶紧大四通顶丝。

（2）接好油、套管放气管线。油管用油嘴控制，套管用针型阀控制，放净油、套管内的气体。

（3）将水泥车与进口管线连接，倒好采油树闸门，对进口管线用清水试压。试压压力为设计工作压力的1.5倍，5min不刺不漏为合格。

（4）倒好反洗井流程，用清水反循环洗井脱气。洗井过程中用针型阀控制进出口排量平衡，清水用量为井筒容积的1.5～2.0倍。

（5）用压井液反循环压井。若遇高压气井，在压井过程中使用针型阀控制进出口排量平衡，以防止压井液在井筒内被气侵，使压井液密度下降而造成压井失败。压井液用量为井筒容积的1.5倍以上。一般要求在压井结束前测量压井液密度，进出口压井液密度差小于2%时停泵。

（6）观察30min，进、出口均无溢流，压力平衡后，完成反循环压井操作。

2. 正循环压井施工

（1）用扳手对称顶紧大四通顶丝，接好油、套管管线，进行油、套管控制放气。

（2）从油管一翼接好进口管线，靠井口处装好单流阀。

（3）从套管一翼接好出口管线，靠井口处装好针型阀。

（4）将水泥车与进口管线连接，倒好采油树闸门，对进口管线试压。试压压力为设计工作压力的1.5倍，5min不刺不漏为合格。

（5）倒好正洗井流程，用清水正循环洗井脱气。洗井过程中用针型阀控制进出口排量平衡，清水用量为井筒容积的1.5～2.0倍。

（6）用压井液进行正循环压井。若遇高压油气井，在压井过程中，用针型阀控制进出口排量，以防止压井液在井筒内被气侵，使压井液密度下降，而造成压井失败。压井液用量为井筒容积的1.5～2.0倍。一般要求在压井结束前测量压井液密度，当进出口压井液密度差小于2%时可停泵。

（7）观察30min，进、出口无溢流，压力平衡后，完成正循环压井操作。

3. 挤压井施工

（1）用扳手对称顶紧大四通顶丝，接好油、套管管线，进行油、套管放气。

（2）接油管（或套管）放喷管线，用油嘴（或针型阀）控制放出井内的气体，或将原井内压井液放干净。

（3）接好压井进口地面管线，靠井口端装高压单流阀，并按设计工作压力的1.5倍试压，5min不刺不漏为合格。

（4）按设计要求用量挤入隔离液,将压井液和井内油气隔开。

（5）按设计量挤入压井液。

（6）停泵,关井扩散压力。

（7）用2~3mm油嘴(或针型阀)控制放压,观察30min,油井无溢流、压力平衡后,完成挤压井操作。

4. 半压井(检泵井)

（1）按标准接好进出口管线。

（2）按标准进行反洗井,出口进干线,观察油管溢流大,不能起杆需半压井。

（3）先从套管泵入定量(油管与抽油杆环形空间容积)的相对密度钻井液。附加量;0.15。

（4）顶替定量清水(泵吸入深度的套管和油管环形空间体积+地面管线内体积),随时观察油管压井液防止将压井液打入干线。

（5）停泵观察油管无溢流,证明半压井成功。

（6）起杆、起管操作。

（7）注意洗井时及时观察进出口温度,防止油管断、脱和油管头串洗井液走近路,那样压井也走近路,压井不会成功。

五、注意事项

（1）施工出口管线必须用硬管线连接,不能有小于90°的急弯,在井口附近装好针型阀,并且每10~15m固定一地锚。

（2）施工进口管线必须在井口处装好单流阀(在高压油、气井压井时,使用高压单流阀),防止天然气倒流至水泥车造成火灾事故。

（3）压井施工前,必须检查压井液性能,不符合设计要求的压井液不能使用。

（4）压井前,要先用2.0倍井筒容积的清水进行脱气。

（5）压井施工时,要连续施工,中途不得停泵,以防止压井液被气侵。

（6）挤压井时,要先泵入隔离液,压井液挤至油层顶界以上50m,要防止将压井液挤入地层,造成污染。

（7）重复挤压井时,要先将井筒内的压井液放干净,再进行压井作业。

（8）地面罐必须放置在距井口30~50m以外,水泥车排气管要装防火帽。

（9）在高压油、气井进行压井施工时,要做好防火、防爆、防中毒、防井喷、防污染工作。

参 考 文 献

[1] 张力夫,王宗召.井下作业工具工(上、下).北京:石油工业出版社,2005
[2] 陈会军,吴成龙,王俊亮.抽油泵检验维修与使用.北京:石油工业出版社,2002
[3] 吴奇,王林,陈显进,等.井下作业监督.2 版.北京:石油工业出版社,2003
[4] 王新纯.井下作业施工工艺技术∥石油工人技术培训系列丛书.北京:石油工业出版社,2005
[5] 王林,唐少峰,陈显进,等.井下作业井控技术.北京:石油工业出版社,2007
[6] 采油技术手册编写组.采油技术手册.北京:石油工业出版社,1977
[7] 沈琛.井下作业工程监督.北京:石油工业出版社,2005
[8] 中国石油天然气集团公司人事服务中心,井下作业工(上、下)∥职业技能培训教程与鉴定试题集.北京:石油工业出版社,2004
[9] 吴奇.井下作业工程师手册.北京:石油工业出版社,2002
[10] 白玉,王俊亮.井下作业实用数据手册.北京:石油工业出版社,2007
[11] 罗英俊,万仁溥.采油技术手册.3 版.北京:石油工业出版社,2005
[12] 梅思杰,邵永实,刘军,等.潜油电泵技术(上、下).北京:石油工业出版社,2004
[13] 林民安,杨远建.潜油电泵技术服务手册.北京:石油工业出版社,1993